Esta colecção inclui
livros (léxicos, gramáticas, prontuários, etc.)
que, pelo seu carácter
eminentemente prático, se pretende
venham a constituir para os leitores
um seguro instrumento de trabalho,
em especial quanto
ao domínio da terminologia básica
dos diferentes ramos do saber.
A palavra, nas suas múltiplas
dimensões de articulação sonora,
estrutura conceptual e
expressão de pensamento e sentimento
é a matéria

COLECÇÃO LEXIS
(coordenação de Artur Morão)

Títulos publicados

GUIA ALFABÉTICO DAS COMUNICAÇÕES DE MASSAS
dir. de Jean Casaneuve

DICIONÁRIO DAS GRANDES FILOSOFIAS
dir. de Lucien Jerphagnon

VOCABULÁRIO FUNDAMENTAL DE PSICOLOGIA
de Georg Dietrich e Helmuth Walter

VOCABULÁRIO FUNDAMENTAL DE PEDAGOGIA
dir. de Heinz-Jürgen Ipfling

DICIONÁRIO DE ETNOLOGIA
de Michel Panoff e Michel Perrin

GRAMÁTICA DA LÍNGUA PORTUGUESA
de Pilar Vasquez Cuesta e Maria Albertina Mendes da Luz

DICIONÁRIO GERAL DAS CIÊNCIAS HUMANAS
dir. de Georges Thines e Agnés Lempereur

DICIONÁRIO DA ARTE E DOS ARTISTAS
organizado por Herbert Read e revisto por Nikos Stangos

DICIONÁRIO DA PRÉ-HISTÓRIA
de Michel Brézillon

DICIONÁRIO DOS MÚSICOS
de Roland de Candé

DICIONÁRIO DE MITOLOGIA GREGA E ROMANA
de Joel Schmidt

VOCABULÁRIO DO CRISTIANISMO
de Michel Feuillet

DICIONÁRIO DE FILOSOFIA
de Gérard Legrand

DICIONÁRIO DE ESTÉTICA
dir. de Gianni Carchia e Paolo D'Angelo

GLOSSÁRIO DE LÓGICA
de Michael Detlefsen, David Charles McCarty e John B. Bacon

Glossário de LÓGICA

Título original:
Logic from A to Z

© 1999 Routlege

Todos os direitos reservados

Tradução autorizada a partir da edição em língua inglesa
publicada pela Routledge,
membro do Grupo Taylor & Francis

Tradução: Paula Mourão

Revisão técnica de Desidério Murcho

Capa de Jorge Machado-Dias

Depósito Legal nº 216096/04

ISBN: 972-44-1173-7

Todos os direitos reservados para Língua Portuguesa por Edições 70

Impressão PAPELMUNDE
Paginação e acabamentos INFORSETE
para
EDIÇÕES 70, LDA.
Setembro de 2004

EDIÇÕES 70, Lda.
Rua Luciano Cordeiro, 123 – 2º Esqº - 1069-157 Lisboa / Portugal
Telefs.: 213190240 – Fax: 213190249
e-mail: edi.70@mail.telepac.pt

www.edicoes70.pt

Esta obra está protegida pela lei. Não pode ser reproduzida,
no todo ou em parte, qualquer que seja o modo utilizado,
incluindo fotocópia e xerocópia, sem prévia autorização do Editor.
Qualquer transgressão à lei dos Direitos de Autor será passível
de procedimento judicial.

Glossário de LÓGICA

Michael Detlefsen
David Charles McCarty
John B. Bacon

Prefácio à edição portuguesa de
DESIDÉRIO MURCHO

edições 70

PREFÁCIO À EDIÇÃO PORTUGUESA

Este pequeno *Glossário de Lógica* é a bem-vinda tradução portuguesa do glossário de termos lógicos e matemáticos que acompanha a monumental *Routledge Encyclopedia of Philosophy,* dirigida por Edward Craig, a mais importante enciclopédia de filosofia da actualidade. Para o público português, sobretudo escolar, este pequeno glossário permite desfazer dúvidas pontuais. Abrangendo não apenas a lógica elementar, mas também aspectos mais avançados, como as lógicas de segunda ordem, a teoria dos modelos e a lógica matemática, este volume não inclui a lógica informal.

A lógica formal distingue-se da informal por estudar apenas aqueles aspectos da argumentação que dependem inteiramente da forma lógica, ao passo que a segunda estuda igualmente os aspectos da argumentação que não dependem inteiramente da forma lógica. Assim, a lógica formal não abrange os argumentos não dedutivos, que incluem as induções, as generalizações, os argumentos de autoridade, os argumentos causais e outros. E mesmo no que diz respeito aos argumentos dedutivos, a lógica formal não estuda os aspectos que não dependem da forma lógica — aspectos estudados na lógica informal.

Não há qualquer definição satisfatória de forma lógica. Contudo, é fácil de compreender o que é a forma lógica, recorrendo a exemplos. Assim, a forma lógica do argumento «Se a vida fosse absurda, Deus não existiria; mas Deus existe; logo, a vida não é absurda» é «Se P, então não Q; Q; logo, não P». Assim, a forma lógica é o padrão relevante para determinar a validade dedutiva: facilmente se compreende que qualquer argumento com a forma anterior será válido.

A noção de argumento dedutivo é subtil, pois não se pode definir de tal modo que exclua os argumentos dedutivos inválidos. Daí que seja um erro dizer que nos argumentos dedutivos é impossível as premissas serem verdadeiras e a conclusão falsa — pois este é um fenómeno que ocorre apenas nos argumentos dedutivos válidos. Assim, pode-se definir um argumento dedutivo como aquele argumento cuja validade ou invalidade depende inteiramente da sua forma lógica.

A lógica clássica elementar compreende duas áreas distintas, mas perfeitamente integradas: a lógica proposicional e a lógica de predicados. A lógica proposicional estuda os argumentos dedutivos cuja validade ou invalidade depende unicamente dos cinco operadores verofuncionais (negação, condicional, bicondicional, conjunção e disjunção). A lógica de predicados inclui a proposicional, mas expande-a de forma a poder estudar também os argumentos dedutivos cuja validade ou invalidade depende, além dos operadores verofuncionais, da quantificação (universal ou existencial) e da identidade. Assim, a lógica proposicional não se aplica a argumentos como «Sócrates é um filósofo; logo, há filósofos» ou «Vénus é um planeta; Véspero é Vénus; logo, Véspero é um planeta».

As lógicas formais compreendem duas partes distintas: a linguagem artificial usada para captar as formas lógicas que se pretende estudar; e o conjunto de regras (e axiomas — mas uma lógica pode ter apenas regras) que permite usar a linguagem artificial criada de modo determinar que formas lógicas são válidas e que formas lógicas são inválidas. O domínio de ambos os aspectos é crucial não só na filosofia, como na formação geral do cidadão. O primeiro aspecto é crucial porque permite compreender que uma dada frase portuguesa possa ter vários significados distintos (o que é trivial) em função unicamente de ambiguidades formais — o que não é trivial. Assim, dominar a linguagem da lógica permite clarificar o pensamento, tornando-o mais rigoroso e preciso. O segundo aspecto da lógica é igualmente central porque permite argumentar melhor e evitar falácias. É certo que a validade de um argumento não é suficiente para que esse argumento seja bom — o argumento «A neve é branca; logo, a neve é branca» é válido mas muito mau. Contudo, sem a validade também um argumento não pode ser bom.

O lugar da lógica na filosofia de hoje é incontestável. Apesar de alguns dos mais brilhantes e argumentativos filósofos desconhecerem e recusarem a lógica aristotélica do seu tempo — que dificilmente é útil como instrumento filosófico — a lógica elementar actual ocupa hoje um lugar instrumental central, dado o seu poder clarificador. Um filósofo do século XXI que não domine pelo menos a lógica elementar é como um músico que não domina a sintaxe musical ou um físico que não domina a matemática. Este *Glossário de Lógica* é, por isso, um instrumento fundamental para o estudo da filosofia.

DESIDÉRIO MURCHO
Londres, Junho de 2004

Introdução

O presente dicionário apresenta ao leitor um glossário de termos usados em lógica formal e princípios matemáticos. As definições que nele figuram constam dos rudimentos da lógica (*argumento, tabela de verdade, variável,* etc.); designações próprias da teoria dos conjuntos e modelos (*isomorfismo, função*), ou da teoria da computação (*algoritmo, máquina de Turing* ou *problema da indecisão*). Incluem-se breves enunciações de determinados resultados (como seja o caso dos *teoremas de Gödel, Herbrand, Löwenheim-Skolem* ou o *lema de Zorn*). Foi igualmente incluída uma tabela de símbolos lógicos empregues na teoria dos conjuntos e nas lógicas proposicional, predicativa e modal.

Os termos e conceitos que integram a obra encontram-se ordenados alfabeticamente, tendo sido introduzidos títulos remissivos, de forma a permitir ao leitor uma melhor localização dos assuntos (ex.: **Processo efectivo** *V.* Algoritmo). Muitas das entradas são seguidas de remissões, com o intuito de facilitar a compreensão ou introduzir um desenvolvimento mais pormenorizado.

Ábaco – *V.* Máquina registadora.

Abstracção – Termo da lógica tradicional e da teoria dos conjuntos. Em lógica tradicional, refere-se a uma operação ou processo em que se deriva um universal dos particulares que ele engloba. Na teoria dos conjuntos, consiste numa operação ou processo (também chamado compreensão), a partir do qual se deriva um conjunto enquanto a extensão de uma propriedade. *V.* Axioma da compreensão; Extensão.

Abstracto, termo – *V.* Termo abstracto.

***Ad hominem*, argumento** – *V.* Argumento *ad hominem*.

Adicidade – *V.* Aridade.

***Ad ignorantiam*, argumento** – *V.* Argumento *ad ignorantiam*.

Adjunção – Regra de inferência de determinados sistemas da lógica formal, como os sistemas de lógica modal de C.I. Lewis. A regra de adjunção é normalmente enunciada do seguinte modo: das proposições simples «A» e «B» infere-se a proposição composta «A e B».

Afirmação da consequente, falácia da – *V.* Falácia da afirmação da consequente.

Afirmativa (proposição) – *V.* Proposição categórica.

Alefes – Notação introduzida por Cantor em 1883, é utilizada na teoria dos conjuntos e aplica-se a números cardinais infinitos. A primeira letra

ALGORITMO

do alfabeto hebraico, $\aleph$, (leia-se «alefe»), sem índice, pode referir-se aos elementos infinitos da série dos números cardinais; quando associada a um índice α (número ordinal), $\aleph_\alpha$ indica o α^o número cardinal na série de todos os cardinais. Exemplos: $\aleph_0$ («alefe-zero» ou «alefe vazio») é o cardinal infinito mínimo, a que corresponde o conjunto dos números naturais; $\aleph_1$ será o seguinte cardinal de maior grandeza, e assim sucessivamente.

V. Cardinalidade; Hipótese do contínuo; Ordinal (número).

Algoritmo – Conceito básico da matemática e, da teoria da computação, em especial, também designado «processo efectivo». Um algoritmo é um processo de cálculo composto por um conjunto finito de instruções para computar as soluções de uma classe de problemas matemáticos. Em teoria da computação, os algoritmos são regras finitistas para computar funções, regras que são executadas automaticamente, mediante a introdução de parâmetros relevantes. Neste sentido, o cálculo algorítmico não depende de qualquer intuição matemática especial (por exemplo, a construção de demonstrações de problemas matemáticos que ainda não dispõem de solução), nem dos resultados de processos aleatórios (os lançamentos de um dado, por exemplo). Exemplo: as regras de adição de somas com várias parcelas aprendidas na escola primária representam um algoritmo, em qualquer dos sentidos, que efectua adições.

V. Função computável; Processo de decisão.

Ambiguidade, falácia da – *V*. Falácia de ambiguidade.

Ampliação – Termo da lógica tradicional. Trata-se de um argumento ou inferência cuja conclusão «ultrapassa» as premissas, no sentido em que a verdade conjunta das referidas premissas não garante a verdade da conclusão. A ampliação consiste, portanto, numa generalização do conceito tradicional de inferência indutiva, caracterizada como o tipo de raciocínio do particular para o geral.(*)

Analítico/sintético (juízo ou proposição) – Noções da lógica moderna. Em filosofia contemporânea, o termo «analítico» aplica-se a propo-

(*) Note-se que a caracterização tradicional da indução está errada. Há induções do particular para o particular, como «todos os corvos observados até hoje são pretos; logo, o corvo do João é preto» (Nota do Revisor).

sições que são verdadeiras por força da sua forma, ou do significado dos termos que as constituem. Um juízo ou proposição do tipo sujeito-predicado é analítico se o predicado (conceito) «está contido» no sujeito (conceito). Kant exprime esta ideia afirmando que num juízo analítico, o predicado é *pensado* no próprio acto de *pensar* o sujeito. Juízo analítico opõe-se a juízo *sintético*, que se define como um juízo no qual pensar o sujeito não implica pensar o predicado (embora ambos possam estar legitimamente associados de outra forma).

Ancestral (de uma relação) – Termo usado na teoria dos conjuntos, também chamado «fecho transitivo». Se R for uma relação binária sobre um conjunto A, o ancestral de R (relativamente a A) é o conjunto de pares ordenados $\langle a, b \rangle$ dos elementos de A, tal que a e b estão na relação R através de uma cadeia finita de elementos de A. Mais formalmente, o ancestral é o conjunto dos pares ordenados $\langle a, b \rangle$, tal que ou é verdade que existe Rab, ou então existe uma cadeia de elementos $x_1, x_2, ..., x_n$ ($n \geq 1$) de A, tal que Rax_1, $Rx_i x_{i+1}$ para $1 \leq i < n$, e $Rx_n b$.

Antecedente – Termo da lógica. A antecedente é a oração «se» de uma condicional da forma «se..., então...».
V. Condicional material.

Antecessor – Termo da teoria dos conjuntos e da matemática. Num conjunto ordenado, o antecessor de um elemento é aquele que imediatamente o antecede quando o conjunto está disposto por ordem. Se x e y são elementos de um conjunto ordenado A, e y é menor que x, e não há qualquer elemento de A que seja maior que y mas menor que x, então y será o antecessor de x. Se A se encontra ordenado por uma relação R, então o antecessor de x em A é o elemento y tal que Ryx para todo o $z \neq y$, se Rzx então Rzy. 0 (zero) não tem antecessor. Exemplo: na ordenação normal dos números naturais, o antecessor de um número natural n é o número $n - 1$.
V. Conjunto discreto; Indução matemática; Ordinal limite; Sucessor.

Antilogismo – Em lógica tradicional, um antilogismo, ou tríade inconsistente, é um conjunto de três afirmações categóricas seleccionadas de modo que a verdade conjunta de duas delas implica a falsidade da terceira. Christine Ladd-Franklin (1847-1930) propôs o antilogismo como teste de validade de um silogismo categórico: um silogismo é válido

ANTISSIMÉTRICA, ORDEM /RELAÇÃO

sempre que o conjunto constituído pelas duas premissas e pela negação da sua conclusão forme um antilogismo.

V. Silogismo categórico.

Antissimétrica, ordem /relação – *V*. Relações (propriedades das).

Aparente, variável – *V*. Variável.

Argumento – Noção elementar da lógica. O argumento mais simples compõe-se de um conjunto de proposições dividido em dois: o primeiro consiste num conjunto globalmente denominado *premissas*; o segundo trata-se de uma única proposição designada *conclusão*. Os argumentos complexos compõem-se de um dado número de argumentos ou passos simples adequadamente estruturados. As premissas visam, na sua totalidade, fornecer uma razão para aceitar a conclusão, no seguinte sentido: a verdade conjunta de todas elas supostamente garante (no caso de argumentos dedutivos, não-ampliativos ou demonstrativos) ou sustenta em menor grau (em argumentos indutivos, ampliativos ou não-demonstrativos) a verdade da conclusão.

V. Ampliação; Argumento converso; Demonstração; Derivação; Diagonal, argumento da; Dialéctico, argumento; Dilema; Entimema; Falácia; Inferência; Inferência imediata; Paradoxo *sorites*; Polissilogismo; Proposição; Sofisma; Solidez (de um argumento); Silogismo categórico; Silogismo disjuntivo; Silogismo hipotético; Silogismo modal; Validade.

Argumento (de uma função/relação) – *V*. Função; Relação.

Argumento *ad hominem* – Termo de lógica informal. Técnica retórica legítima, segundo a qual o argumentador persuade o interlocutor a aceitar uma conclusão baseada em premissas aceites por este, ainda que não aceites pelo argumentador. Usa-se também o termo para designar a falácia informal, que consiste em procurar refutar determinado argumento denegrindo o interlocutor, ou argumentando que as conjecturas do oponente são falsas ou deficientes por se verificar um conflito entre as suas circunstâncias ou o seu carácter e o argumento.

Argumento *ad ignorantiam* – Termo da lógica tradicional. Significa uma falácia cuja argumentação parte da premissa de que não se sabe se algo é verdadeiro (ou falso) para se concluir que isso é falso (ou verdadeiro).

Argumento converso – Noção da lógica. O argumento converso de «*P*; logo, *Q*» é o argumento «*Q*; logo, *P*», obtido pela permuta da premissa com a conclusão.

Argumento da diagonal – Um estilo de demonstração com múltiplas aplicações em lógica matemática, descoberto no contexto da análise dos reais por Paul du Bois-Reymond, e posteriormente usado na teoria dos conjuntos por Cantor e Dedekind. É também designado demonstração diagonal, ou técnica de diagonalização. Cantor socorreu-se de um argumento da diagonal para demonstrar o que hoje se conhece como teorema de Cantor. O primeiro teorema da incompletude de Gödel, e a insolubilidade do problema da paragem também são casos notórios de argumentos da diagonal. A denominação «diagonal» advém de se visualizar argumentos da diagonal aplicados a conjuntos representados por uma série de pontos infinitos em duas dimensões, mostrando a demonstração como construir uma sequência infinita baseada nos elementos diagonais da série. Exemplo: a aplicação do método de diagonalização à seguinte série pode servir para demonstrar a existência de muitos números racionais (positivos) contáveis.

$$1 \quad {}^1/_2 \quad {}^1/_3 \quad {}^1/_4 \quad {}^1/_5 \ldots$$
$$2 \quad {}^2/_2 \quad {}^2/_3 \quad {}^2/_4 \quad {}^2/_5 \ldots$$
$$3 \quad {}^3/_2 \quad {}^3/_3 \quad {}^3/_4 \quad {}^3/_5 \ldots$$
$$\cdot \quad \cdot \quad \cdot \quad \cdot \quad \cdot$$
$$\cdot \quad \cdot \quad \cdot \quad \cdot \quad \cdot$$
$$\cdot \quad \cdot \quad \cdot \quad \cdot \quad \cdot$$

V. Teorema de Cantor; Problema da paragem; Teoremas da incompletude.

Argumento dialéctico – Termo da lógica tradicional. Historicamente refere-se a um tipo de argumento diferente da demonstração pela qualidade das suas premissas. Num argumento dialéctico, as premissas não eram consideradas fundamentais, certas, necessárias ou conhecidas; não seria o tipo de premissas a que o professor idealmente conhecedor e racional recorreria para ensinar aos seus estudantes a conclusão do ar-

ARIDADE

gumento. Eram antes usadas apenas hipoteticamente para resolver uma disputa, representando opiniões de senso comum ou, num sentido mais restrito ainda, a opinião do próprio opositor.

V. Demonstração.

Aridade – Termo da lógica e da matemática. A aridade (ou grau ou, ainda, aditividade) de uma *relação* consiste no número máximo de coisas a que a relação se aplica apropriadamente, em simultâneo. A aridade de uma *função* corresponde ao número de parâmetros necessários para avaliar a função. Note-se que, quando uma função $y=f(x_1,...., x_n)$ é tratada como uma relação $Rx_1....x_n y$, a relação tem aridade mais um do que a função original. Exemplos: a relação aritmética «menor que» possui aridade dois; é uma relação binária. A função quadrática dos inteiros tem aridade um, e é chamada uma relação unária.

Assimétrica, ordem/relação – *V*. Relações (propriedades das).

Assinatura – Noção da teoria dos modelos. A assinatura de uma estrutura ou modelo M é especificada por:

1) o conjunto de constantes individuais ao qual M atribui elementos do seu domínio;

2) para cada $n > 0$, o conjunto de símbolos relacionais *n-ários* ao qual M atribui conjuntos de *n*-tuplos de elementos do seu domínio como extensões, e

3) para cada $n > 0$, o conjunto de símbolos funcionais *n-ários* ao qual M atribui conjuntos de n+1-tuplos de elementos do seu domínio como extensões.

«Assinatura» é outra designação para o que na teoria dos modelos se chama «linguagem», que não é uma linguagem formal completa incluindo símbolos lógicos e outros dispositivos como os parêntesis e uma gramática, mas antes elementos de uma linguagem formal cujas diferentes interpretações servem para diferenciar modelos ou estruturas que têm o mesmo domínio.

V. Estrutura.

Atómica (frase ou fórmula) – Noção da lógica. Numa linguagem formal, uma frase ou fórmula é atómica quando as regras de formação da linguagem não a analisam como composta de outras frases ou fórmulas.

Tal frase ou fórmula pode igualmente assumir a designação de «componentes de base». Em certos casos, as negações de frases atómicas podem também ser incluídas na categoria das afirmações atómicas.

Autómato – Noção elementar do domínio da computação e da teoria da linguagem formal. Trata-se de uma máquina finitista abstracta, ou um dispositivo ideal de computação, cujo comportamento ao nível dos dados de entrada e de saída é utilizado para classificar linguagens formais, conjuntos e funções matemáticas, de acordo com a sua maneabilidade computacional. Exemplos: as máquinas de Turing são autómatos e os conjuntos de números por elas aceites são precisamente os conjuntos recursivamente enumeráveis.
V. Conjunto recursivamente enumerável; Máquina de Turing.

Automorfismo – Noção da teoria dos modelos e da álgebra. Trata-se de um isomorfismo cujo domínio e contradomínio são o mesmo conjunto.
V. Isomorfismo.

Avaliação – Noção da lógica matemática e da semântica formal. Dado um domínio semântico D, a avaliação de uma linguagem formal consiste, em geral, em qualquer função que atribua valores semânticos apropriados em D a expressões seleccionadas da linguagem. Em lógica de predicados, «avaliação» refere-se, muitas vezes, a funções (também chamadas «atribuições») do conjunto de variáveis de uma linguagem para o universo de uma estrutura D. «Avaliação» é ocasionalmente empregue como sinónimo de «interpretação».
V. Interpretação

Axioma – Termo da lógica tradicional e da lógica moderna. Trata-se de uma proposição (de uma teoria) tratada como fundamental ou como não admitindo demonstração. Tradicionalmente, os axiomas eram considerados epistemicamente básicos (auto-evidentes, por exemplo, ou não carecendo de demonstração). Nos sistemas axiomáticos modernos, os axiomas *lógicos* são as proposição fundamentais na apresentação da lógica subjacente à teoria (exemplo: a lei do terceiro excluído); os axiomas *próprios* são as proposições fundamentais na apresentação de verdades não-lógicas ou substanciais da teoria (exemplo: nas axiomati-

AXIOMA DA ABSTRACÇÃO

zações habituais da aritmética dos números naturais, a lei que estipula que 0 não tem antecessor).

Axioma da abstracção – *V*. Axioma da compreensão.

Axioma da compreensão – Princípio de existência da teoria dos conjuntos ou das classes, também designado axioma da abstracção. Baseava-se na noção cantoriana de conjunto enquanto qualquer «compreensão» de um todo formado por distintos objectos da nossa intuição ou raciocínio. Isto sugere que todo e qualquer conceito geraria um conjunto contendo todos os objectos a si subjacentes, e apenas esses. Logo surgiu uma formulação mais objectiva do axioma, segundo a qual toda e qualquer propriedade origina um conjunto que contém todos os objectos que têm essa propriedade, e apenas esses. A versão irrestrita (também chamada «*ingénua*») deste princípio afirma que, sempre que P é uma propriedade, existe uma colecção $\{x: P(x)\}$ contendo exactamente os elementos que têm P. Frege adopta uma versão deste princípio no seu sistema *Grundgesetze* dos alicerces da matemática. Em 1902, Russell demonstrou a sua inconsistência através do que viria a ser conhecido como o paradoxo de Russell, permitindo que P fosse a propriedade da não-autopertença.
V. Axioma da reducibilidade; Classe; Paradoxo de Russell; Teoria dos conjuntos de von Neumann-Bernays-Gödel.

Axioma da construtibilidade – Princípio não-canónico da teoria dos conjuntos, enunciado pela primeira vez por Gödel, em 1938. Um conjunto é construtível (ou pertence ao universo L dos conjuntos construtíveis) quando pode ser definido a partir dos números ordinais usando esquemas de definição cujos quantificadores são restritos. O axioma da construtibilidade de Gödel (ou $\mathbf{V} = L$) afirma que todo o conjunto é construtível. Gödel demonstrou que o axioma da escolha e a hipótese do contínuo são consistentes com a teoria canónica dos conjuntos, mostrando que são deriváveis de $\mathbf{V} = L$. O axioma de construtibilidade não se pode demonstrar nem refutar a partir de axiomas da teoria canónica dos conjuntos, se forem consistentes. Apesar de $\mathbf{V} = L$ ainda desempenhar um papel crucial na investigação da teoria dos conjuntos, a maior parte dos especialistas contemporâneos em teoria dos conjuntos consideram que não expressa uma verdade sobre conjuntos.

Axioma da determinabilidade – *V*. Axioma da extensionalidade.

Axioma da escolha – Princípio controverso da teoria dos conjuntos usado implicitamente no século XIX, e explicitamente formulado por Zermelo em 1904, na demonstração do teorema da boa ordenação. Também é conhecido como axioma multiplicativo. Existem diferentes versões do axioma da escolha na teoria moderna dos conjuntos. Na sua formulação mais comum, presume-se que garante, para qualquer conjunto A de conjuntos não-vazios x, um conjunto de escolha que contém exactamente um elemento de cada x em A. É essencial às demonstrações de resultados matemáticos canónicos respeitantes ao transfinito. É equivalente ainda a outros princípios dignos de nota, como o lema de Zorn. Graças aos famosos teoremas de Gödel e de Paul Cohen, sabe-se que este axioma não é refutável nem demonstrável a partir dos axiomas canónicos para conjuntos, como sejam os da teoria dos conjuntos de Zermelo-Fraenkel, desde que se trate de axiomas consistentes.
V. Conjunto de escolha/função de escolha; Lema de Zorn; Teoria dos conjuntos de Zermelo-Fraenkel.

Axioma da extensionalidade – Axioma básico da teoria dos conjuntos, usado em 1908 por Zermelo na axiomatização da sua teoria dos conjuntos. É também chamado axioma da determinabilidade. Afirma que dois conjuntos são idênticos se, e só se, tiverem exactamente os mesmos elementos. Por vezes, é interpretado como algo que elucida o conceito de conjunto enquanto colecção que se esgota nos seus elementos. Visto deste modo, exibe a diferença básica entre o conceito de conjunto e o de propriedade.
V. Teoria dos conjuntos de Von Neumann-Bernays-Gödel; Teoria dos conjuntos de Zermelo-Fraenkel.

Axioma da fundação – Princípio da teoria dos conjuntos primeiramente formulado sob a forma de axioma em 1925 por John von Neumann, embora outros o tenham mencionado anteriormente (Mirimanoff, 1917, e Skolem, 1923), e Zermelo tenha feito menção a ele em 1930. Pode ser também chamado axioma da regularidade ou da restrição. Estabelece que todo o conjunto não-vazio A tem um elemento a tal que A e a não têm elementos comuns ($A \cap a = \varnothing$). Nas teorias dos conjuntos

AXIOMA DA MULTIPLICATIVIDADE

mais comuns, a fundação implica que nenhum conjunto pode ser um elemento de si próprio, e que não podem ocorrer cadeias de pertença infinitamente descendentes. Este axioma permite igualmente ordenar conjuntos hierarquicamente (hierarquia iterativa) e definir conjuntos por indução a partir da relação de pertença.

V. Teoria dos conjuntos de Von Neumann-Bernays-Gödel; Teoria dos conjuntos de Zermelo-Fraenkel.

Axioma da multiplicatividade – *V*. Axioma da escolha.

Axioma da reducibilidade – Axioma apresentado por Russell como uma versão enfraquecida do axioma da compreensão e incluído na teoria dos tipos ramificada dos *Principia Mathematica* (1910), de Whitehead e Russell. Seja uma função predicativa uma função proposicional sem quantificadores: este axioma estabelece que para toda a função proposicional de qualquer ordem existe uma função predicativa. Foi utilizado para formalizar certas induções matemáticas na teoria dos tipos daqueles autores.

Axioma da regularidade – *V*. Axioma da fundação.

Axioma da restrição – *V*. Axioma da fundação.

Axioma da separação – Princípio da teoria dos conjuntos introduzido por Zermelo nos seus axiomas de 1908, para a teoria dos conjuntos, e mais tarde reformulado por Skolem. Permite separar os elementos de um dado conjunto que satisfazem determinada propriedade. Enunciado mais formalmente, estabelece que para todo o conjunto A, existindo uma propriedade bem definida P de A, a colecção dos elementos de A que possuem a propriedade P, e só esses, também formam um conjunto.

V. Teoria dos conjuntos de Zermelo-Fraenkel.

Axioma da substituição – Esquema axiomático da teoria dos conjuntos formulado primeiramente por Dmitry Mirimanoff em 1917, foi redescoberto por Fraenkel (1922) e Skolem (1923). Garante que, quando, numa função f, uma série de valores de entrada x abrange um conjunto, tal também acontece com a série de valores de saída correlativos $f(x)$. Entre outras coisas, a substituição permite concluir que existem uniões de sequências contáveis de conjuntos.

V. Teoria dos conjuntos de Von Neumann-Bernays-Gödel; Teoria dos conjuntos de Zermelo-Fraenkel.

Axioma da união – Consta da axiomatização de 1908 de Zermelo da teoria dos conjuntos, também conhecido como axioma do conjunto--soma. Afirma que para qualquer conjunto *A* existe um conjunto $\cup\, A$ cujos elementos são exactamente os elementos dos elementos de *A*.
V. Teoria dos conjuntos de Von Neumann-Bernays-Gödel; Teoria dos conjuntos de Zermelo-Fraenkel.

Axioma do conjunto-potência – Princípio da teoria dos conjuntos introduzido por Zermelo nos seus axiomas de 1908 para a teoria dos conjuntos. Afirma que para qualquer conjunto *A* existe um novo conjunto $\wp(A)$, o conjunto-potência de *A*, cujos elementos são exactamente os subconjuntos de *A*.
V. Teorema de Cantor; Teoria dos conjuntos de Von Neumann-Bernays--Gödel; Teoria dos conjuntos de Zermelo-Fraenkel.

Axioma do conjunto-soma – *V*. Axioma da união.

Axioma do infinito – Princípio da teoria dos conjuntos ou da teoria dos tipos, diferentemente formulado, que requer a existência de um número infinito de objectos. Na teoria dos tipos de *Principia Mathematica* (1910), Whitehead e Russell introduziram um axioma do infinito para garantir um número infinito de indivíduos, itens do tipo zero. Nas teorias dos conjuntos, os axiomas do infinito afirmam a existência de colecções infinitas. Zermelo incluiu uma formulação nos axiomas que concebeu para a teoria dos conjuntos de Cantor, em 1908. Na versão de Zermelo o axioma afirma que existe um conjunto *Z* do qual $\varnothing$ (o conjunto vazio) é um elemento e que contém, para cada um dos seus elementos *e*, o elemento adicional { *e* }.
V. Teoria dos conjuntos de Von Neumann-Bernays-Gödel; Teoria dos conjuntos de Zermelo-Fraenkel.

Axioma dos pares – Axioma da teoria dos conjuntos. Para cada dois elementos *u* e *v*, existe um conjunto $w = \{u, v\}$.
V. Teoria dos conjuntos de Von Neumann-Bernays-Gödel; Teoria dos conjuntos de Zermelo-Fraenkel.

Axiomas da teoria dos conjuntos

Axiomas da teoria dos conjuntos – Os princípios fundamentais das sistematizações da teoria dos conjuntos.

V. Teoria dos conjuntos de Von Neumann-Bernays-Gödel; Teoria dos conjuntos de Zermelo-Fraenkel.

Axiomática, teoria – *V.* Teoria axiomática.

Axiomático, esquema – *V.* Esquema axiomático.

B

Bamalip – *V.* Modo (de um silogismo categórico).

Bamana - *V.* Modo (de um silogismo categórico).

Baralipton - *V.* Modo (de um silogismo categórico).

Barbara - *V.* Modo (de um silogismo categórico).

Barbari - *V.* Modo (de um silogismo categórico).

Baroco - *V.* Modo (de um silogismo categórico).

Base de conectores/operadores proposicionais – *V.* Conjunto completo de conectores.

Bernays-Gödel, teoria dos conjuntos de – *V.* Teoria dos conjuntos de Von Neumann-Bernays-Gödel.

Berry, paradoxo de - *V.* Paradoxo de Berry.

Betes – Notação da teoria dos conjuntos para a sequência dos números cardinais infinitos gerados a partir da cardinalidade do conjunto dos números naturais, mediante a operação do conjunto-potência. O primeiro número bete, $\beth_0$, é, consequentemente, o cardinal do conjunto dos números naturais ($\beth_0 = \aleph_0$); cada número bete seguinte é a cardinalidade do conjunto de todos os subconjuntos (o conjunto-potência) do conjunto anterior. Assim, $\beth_{\alpha+1} = 2^{\beth_\alpha}$ para todos os ordinais α. A hipótese do contínuo corresponde à afirmação de que $\aleph_1 = \beth_1$.
V. Alefes; Cardinalidade; Hipótese do contínuo.

BICONDICIONAL

Bicondicional – Termo da lógica proposicional. Um bicondicional é um operador que liga duas frases. A frase resultante é verdadeira quando os seus elementos constituintes possuem o mesmo valor de verdade (ambos verdadeiros, ou ambos falsos). Exemplo: o operador «se, e só se» (vulgarmente representado pela sigla «sse»).

Bijecção – Termo da teoria dos conjuntos e da matemática. Diz-se que uma função é bijectiva quando é simultaneamente injectiva e sobrejectiva. Se $f: A \to B$ for bijectiva, então, para qualquer b pertencente a B existe exactamente um a em A, tal que $f(a) = b$.

Bivalência – Trata-se de um princípio semântico e uma particularidade de certos tipos de semântica formal. Enquanto princípio semântico informal, a bivalência estipula que qualquer frase não ambígua é determinadamente verdadeira ou falsa. Em lógica formal, uma semântica é bivalente quando atribui a cada frase bem formada um dos dois valores de verdade. Em qualquer das acepções, a bivalência não deve ser confundida com a lei do terceiro excluído.
V. Lei do terceiro excluído.

Boa ordenação – Termo da teoria dos conjuntos e da matemática. Um conjunto A é bem ordenado por uma relação R (ou R é uma boa ordenação de A) unicamente se R for uma ordenação de A e todo o subconjunto não vazio de A tiver um elemento mínimo de R.
V. Ordenação; Relações (propriedades das).

Bocardo – V. Modo (de um silogismo categórico).

Bramantip – V. Modo (de um silogismo categórico).

Brouwer, teorema da continuidade de – V. Escolha, sequência de.

Burali-Forti, paradoxo de - V. Paradoxo de Burali-Forti.

C

Cálculo – *V*. Sistema formal.

Calemes – *V*. Modo (de um silogismo categórico).

Calemop – *V*. Modo (de um silogismo categórico).

Calemos – *V*. Modo (de um silogismo categórico).

Camene – *V*. Modo (de um silogismo categórico).

Camenes – *V*. Modo (de um silogismo categórico).

Camenop – *V*. Modo (de um silogismo categórico).

Camestres – *V*. Modo (de um silogismo categórico).

Camestrop – *V*. Modo (de um silogismo categórico).

Campo (de uma função/relação) – Termo da teoria dos conjuntos e da matemática. Designa a união do domínio e contradomínio de uma relação ou função.

Campo direito (de uma relação) – *V*. Imagem (de uma função/relação).

Campo esquerdo (de uma relação) – *V*. Domínio (de uma função/relação).

Cantor, paradoxo de – *V*. Paradoxo de Cantor.

Cantor, teorema de – *V*. Teorema de Cantor.

CARÁCTER FINITO

Carácter finito – Noção da teoria dos conjuntos e da teoria dos modelos, especialmente respeitante à álgebra. Diz-se que uma propriedade P de conjuntos tem carácter finito unicamente quando, para todo o conjunto A, A tem P se, e só se, todos os subconjuntos finitos de A tiverem P. Em teoria dos modelos, uma classe de estruturas tem carácter finito sempre que qualquer subestrutura gerada finitamente de qualquer estrutura pertencente à classe também pertence a essa classe.
V. Compacidade; Estrutura.

Cardinal compacto – V. Cardinal grande.

Cardinal de Mahlo – V. Cardinal grande.

Cardinal grande – Conceito da teoria abstracta dos conjuntos. Segundo hipóteses formuladas na teoria dos conjuntos, as diferentes famílias de cardinais grandes compreendem cardinais compactos, cardinais inacessíveis, cardinais de Mahlo e cardinais mensuráveis. Por exemplo: um cardinal *inacessível* (ou cardinal *fortemente inacessível*) é um cardinal fechado sob a operação de tomar conjuntos-potência no sentido em que, se A for inacessível e B tiver cardinalidade menor que A, então o conjunto potência de B também terá cardinalidade menor que A. Uma vez que a existência de cardinais inacessíveis implicaria que a teoria dos conjuntos de Zermelo-Fraenkel fosse consistente, essa teoria é, pelo segundo teorema da incompletude de Gödel, insuficiente para demonstrar a existência desses cardinais. Conforme sugerido por Gödel, o estudo dos cardinais grandes justifica-se pelas possibilidades que apresentam como vias de descoberta de novos axiomas da teoria dos conjuntos, suficientes para solucionar questões prementes, como seja o problema do contínuo.
V. Hipótese do contínuo.

Cardinal inacessível – V. Cardinal grande.

Cardinal mensurável – V. Cardinal grande.

Cardinal transfinito – Termo da teoria dos conjuntos. Um número cardinal é transfinito quando representa a grandeza de um conjunto infinito. Em muitos desenvolvimentos da teoria dos conjuntos, um número cardinal é transfinito quando não estabelece correspondência biunívoca com qualquer conjunto finito. Exemplos: $\aleph_0$ e todos os cardinais maiores são transfinitos.

Cardinal, número – *V*. Cardinalidade; Cardinal grande.

Cardinalidade – Conceito da teoria dos conjuntos. Dois conjuntos *A* e *B* possuem a mesma cardinalidade (ou potência) se, e só se, existir uma bijecção de *A* para *B*. Quando apresentam a mesma cardinalidade, são muitas vezes tratados como se tivessem a mesma grandeza. Os números cardinais medem a cardinalidade. Assim, dois conjuntos têm o mesmo número cardinal apenas se tiverem a mesma cardinalidade. Exemplo: Cantor demonstrou que os conjuntos dos números naturais e dos inteiros têm o mesmo número cardinal, $\aleph_0$ («alefe zero»).
V. Alefes; Betes; Cardinal grande; Cardinal transfinito; Equinumerosidade/equipolência.

Cartesiano, produto – *V*. Produto cartesiano.

Categorema – Termo da lógica tradicional. Refere-se a um termo que pode funcionar como sujeito ou predicado de uma proposição categórica. Opõe-se a sincategorema. Exemplos: «cavalo», «vermelho», «grego».
V. Sincategorema.

Categórica, proposição – *V*. Proposição categórica.

Categórica, teoria – *V*. Teoria categórica.

Categórico na potência *k* – Propriedade importante na teoria dos modelos teóricos das teorias formais. Quando *k* é um número cardinal, uma teoria é categórica na potência *k* sempre que tenha um modelo cujo domínio possua cardinalidade *k*, e todos os seus modelos com domínios dessa cardinalidade sejam isomórficos. Ou seja, uma teoria é categórica na potência *k* se tiver, até ao isomorfismo, um único modelo de cardinalidade *k*. Exemplo: a teoria das ordens densas e totais, sem limites, é categórica na potência $\aleph_0$.
V. Cardinalidade, Estrutura.

Categórico, silogismo – *V*. Silogismo categórico.

Celantes — *V*. Modo (de um silogismo categórico).

CELANTOP

Celantop – *V*. Modo (de um silogismo categórico).

Celantos – *V*. Modo (de um silogismo categórico).

Celarent – *V*. Modo (de um silogismo categórico).

Celaro – *V*. Modo (de um silogismo categórico).

Celaront – *V*. Modo (de um silogismo categórico).

Cesare – *V*. Modo (de um silogismo categórico).

Cesaro – *V*. Modo (de um silogismo categórico).

Church, teorema de – *V*. Teorema de Church.

Church, tese de – V. Tese de Church.

Church-Turing, tese de – *V*. Tese de Church.

Circular, falácia do raciocínio – *V*. Falácia do raciocínio circular.

Círculo vicioso – *V*. Falácia do raciocínio circular.

Classe – Noção elementar da teoria dos conjuntos e das classes. Em termos gerais, a classe é a extensão de dada propriedade. Certas teorias abstractas de conjuntos (ex.: von Neumann-Bernays-Gödel) estabelecem uma distinção entre conjunto e classe, definindo classes como colecções arbitrárias de conjuntos, algumas das quais podem mesmo ser conjuntos. As classes que não são tomadas como conjuntos, como seja a classe de todos os conjuntos ou a classe de todos os ordinais, são chamadas classes *próprias*.
V. Axioma da compreensão; Paradoxo de Burali-Forti; Teoria dos conjuntos de von Neumann-Bernays-Gödel.

Classe de equivalência – Termo da matemática. Dada uma relação de equivalência sobre um conjunto, o subconjunto de todos os elementos relacionados com um determinado membro x é chamado a classe de equivalência de x. Facilmente se verifica que qualquer relação de equivalência sobre um conjunto o divide numa colecção de classes de equivalência que, por sua vez, determinam aquela relação. Exemplo: no plano euclidiano, o conjunto de todas as linhas paralelas a uma linha fixa é a classe de equivalência dessa linha, sob a relação de paralelismo.

COMPLETUDE (DE UM CÁLCULO LÓGICO)

Classe própria – *V*. Classe.

Classe/conjunto, distinção entre – *V*. Teoria dos conjuntos de von Neumann-Bernays-Gödel.

Co-domínio – *V*. Imagem (de uma função/relação).

Compacidade – Propriedade semântica dos sistemas formais da lógica moderna, e noção central da teoria dos modelos. Um sistema formal diz-se compacto apenas se a consistência ou satisfazibilidade semânticas de cada conjunto de fórmulas for determinado finitamente, isto é, um conjunto é satisfazível sempre que todos os seus subconjuntos finitos também o forem. De igual modo, considera-se que um sistema é compacto se, sempre que uma frase *A* for uma consequência lógica de um conjunto de frases Γ, *A* será uma consequência lógica de um subconjunto finito de Γ. A lógica proposicional clássica e a lógica de primeira ordem são ambas compactas (conforme demonstrado por Gödel e Maltsev), sendo este último facto de importância crucial na teoria dos modelos das linguagens de primeira ordem. A lógica clássica de segunda ordem, contudo, não é compacta.
V. Satisfação, Consistência.

Comparabilidade – *V*. Lei da tricotomia.

Complemento – Termo da teoria dos conjuntos e da matemática. Regra geral, o complemento de uma *classe* consiste na colecção de elementos que não pertencem a essa classe. Em teoria dos conjuntos, esta definição revela-se demasiado geral e conduz a contradições, pelo que se substitui pela noção de complemento *relativo* (complemento relativizado a um determinado conjunto, que pode ser o universo do discurso). $C(B)$ é o complemento do *conjunto B*, relativo a dado conjunto *A*, sempre que $C(B)$ contiver todos os elementos em *A* ausentes em *B*. O complemento relativo a um conjunto *A* de uma *relação n-ária R* é o conjunto de todos os *n*-tuplos $\langle a_1, ..., a_n \rangle$ tal que não-$Ra_1...a_n$.

Complemento relativo – *V*. Complemento.

Completa, ordem/relação – *V*. Relações (propriedades das).

Completude (de um cálculo lógico) – Termo da metalógica. Um cál-

COMPLETUDE (DE UMA TEORIA)

culo lógico tem completude *fraca* se todas as suas verdades lógicas forem um teorema lógico, isto é, se demonstrar toda a frase logicamente válida da sua linguagem. A formalização de uma noção mais geral de consequência lógica exige que o cálculo seja também *fortemente* completo, ou seja, sempre que a frase E for uma consequência lógica de um conjunto de premissas Γ, existe uma derivação de E a partir de Γ. Por outras palavras, qualquer frase validamente implicada pelos axiomas é demonstrável.

V. Teorema da completude; Correcção (de um cálculo lógico).

Completude (de uma teoria) – Termo da metamatemática. Uma teoria diz-se completa quando todas as frases válidas da sua linguagem forem teoremas dessa teoria. Se a noção de verdade pressuposta for a verdade clássica, uma teoria será completa (por vezes «completa sob a negação») se, para qualquer frase E da linguagem da teoria, E ou não-E for um teorema. Exemplos: a aritmética de primeira ordem de Peano é incompleta, mas a de segunda ordem de Peano é completa.

V. Teoria.

Completude de Post – Termo da metalógica introduzido pelo lógico Emil Post. Um sistema T diz-se ter completude de Post apenas quando a adição de afirmações suplementares ao seu conjunto de teoremas produz um sistema inconsistente. Os sistemas habituais de lógica proposicional clássica têm completude de Post.

Completude face à negação – *V.* Completude (de uma teoria).

Completude ómega – Noção da metamatemática. Numa linguagem aritmética L, uma teoria T tem completude ómega (vulgarmente «ω-completa») somente se para qualquer fórmula ϕx de L, se qualquer fórmula da forma ϕn for demonstrável em T (em que «n» é um numeral), então também a fórmula $\forall x \phi x$ o é.

Componente de base – *V.* Atómica (frase ou fórmula).

Composição, falácia da – *V.* Falácia da composição.

Compreensão – *V.* Abstracção; Axioma da compreensão; Intensão.

Conclusão – *V.* Argumento.

CONECTOR/OPERADOR PROPOSICIONAL

Condicional conjuntiva – *V*. Condicional contrafactual.

Condicional contrafactual – Termo da lógica filosófica. Também designadas «condicionais contrárias aos factos» ou «condicionais conjuntivas», consiste em várias afirmações condicionais ou do tipo «se..., então...», nas quais a antecedente exprime uma condição que o orador presume não ser satisfeita. Exemplo: «se Oswald não tivesse morto Kennedy, outra pessoa o teria feito» (contraste-se com «se Oswald não matou Kennedy, outra pessoa o fez»). As condicionais contrafactuais não são condicionais verofuncionais nem condicionais estritas, pelo que o estabelecimento de regras lógicas adequadas e respectiva semântica são ainda objecto de debate da lógica filosófica. *V*. Condicional material.

Condicional conversa – Termo da lógica. A condicional conversa de «se *P*, então *Q*» é a condicional «se *Q*, então *P*», resultante da permuta da antecedente com a consequente.

Condicional de Filo – *V*. Condicional material.

Condicional material – Termo da lógica, é também conhecido como condicional de Filo. Trata-se de uma afirmação que coloca uma condição denominada «antecedente», para a obtenção de outra afirmação chamada «consequente». Uma condicional material é falsa quando a antecedente é verdadeira e a consequente falsa; nos outros casos é verdadeira. «se..., então___», «___se...» e «... só se ___» são expressões correntemente usadas para exprimir condicionais materiais. Em qualquer uma delas, a antecedente consiste na frase que se encontra a ponteado e a consequente é a frase representada pelo traço. *V*. Condicional contrafactual; Paradoxos da implicação estrita e da implicação material.

Condições de derivabilidade – *V*. Derivabilidade, condições de.

Conectada, relação/ordem – *V*. Relações (propriedades das).

Conector/operador proposicional – Noção básica da lógica proposicional. Em sentido lato, um conector/operador proposicional é qualquer operador ou expressão de uma linguagem que forma frases a partir de frases (por exemplo, «e», «ou», «não se trata de», «Platão crê que»). Al-

CONJUNÇÃO

guns destes operadores são verofuncionais, ou seja, as frases formadas a partir deles são tais que os seus valores de verdade são unicamente determinados pelos valores de verdade das frases constituintes. Na maioria das suas ocorrências, os três primeiros operadores apresentados acima são verofuncionais; o quarto não o é.
V. Conjunto completo de conectores.

Conjunção – Termo da lógica proposicional que refere operadores (geralmente binários) usados na formação de frases compostas, que só são verdadeiras se todas as frases que as compõem forem verdadeiras. Também diz respeito a frases compostas formadas deste modo. É o caso do operador «e», por exemplo.

Conjuntiva, forma normal – *V.* Forma normal (conjuntiva).

Conjunto completo de conectores – Termo da metateoria da lógica proposicional formal. Um conjunto de conectores proposicionais é completo – ou expressivamente completo (funcionalmente completo, ou uma *base*) – apenas se qualquer função de verdade é expressa por alguma fórmula proposicional que só use conectores do conjunto. Exemplos: os conjuntos $\{\neg, V, \&\}$, $\{\neg, V\}$, $\{\neg, \&\}$ e $\{\neg, \rightarrow\}$ são todos eles completos. O conjunto $\{\neg, \leftrightarrow\}$ não o é. Os únicos conectores binários que em si próprios são completos são a negação alternada de Sheffer (o «Traço de Sheffer», representado «$p \mid q$» e lido «não simultaneamente p e q»), e a negação conjunta de Pierce (que se representa «$p \downarrow q$», e se lê «não p e não q»).

Conjunto contínuo – Termo da teoria dos conjuntos e da matemática em geral. Um conjunto ordenado por uma ordenação densa é contínuo quando qualquer um dos seus subconjuntos majorantes têm um supremo e qualquer um dos seus subconjuntos minorantes têm um ínfimo. Num conjunto contínuo, nenhum elemento tem antecessor ou sucessor. Contrasta com conjunto discreto.
V. Antecessor; Conjunto discreto; Limite de um conjunto; Ordenação; Relações (propriedades das); Sucessor.

Conjunto de escolha/função de escolha – Conjuntos ou funções que o axioma da escolha garante existirem. Seja *A* uma colecção de conjun-

tos não-vazios x. Um *conjunto* de escolha para A é um conjunto contendo precisamente um elemento de cada x. Uma *função* de escolha para A é uma função que toma cada x em A para um elemento de si próprio: para cada x em A, $f(x) \in x$.
V. Axioma da escolha.

Conjunto discreto – Termo da teoria dos conjuntos. Diz-se que um conjunto ordenado é discreto se todos os elementos excepto o maior e o menor (se existirem) tiverem um antecessor e um sucessor. Contrasta com conjunto contínuo.
V. Antecessor; Conjunto contínuo; Sucessor.

Conjunto maximamente consistente – Noção da metalógica. Se A for um conjunto de frases de uma linguagem L, então A será maximamente consistente apenas se 1) A for consistente, e se 2) não se lhe puderem adicionar mais frases de L para formar um conjunto consistente.

Conjunto nulo – *V*. Conjunto vazio.

Conjunto potência – Termo da teoria dos conjuntos. O conjunto potência $\wp(A)$ de um conjunto A é o conjunto de todos os subconjuntos de A.

Conjunto recursivamente enumerável – Termo da teoria da computabilidade. Um conjunto de números naturais é recursivamente enumerável se for o contradomínio de uma função recursiva ou, o que é equivalente, se a função característica do conjunto for recursiva parcial. Se a tese de Church for verdadeira, os conjuntos recursivamente enumeráveis são apenas os parcialmente decidíveis.
V. Decidibilidade; Função recursiva.

Conjunto recursivo – Termo da teoria da computabilidade. Diz-se que um conjunto de números naturais é recursivo se a função característica do conjunto for recursiva total. À luz da tese de Church, os conjuntos recursivos são apenas os decidíveis.
V. Decidibilidade; Função recursiva.

Conjunto universal – Termo da teoria dos conjuntos. Refere-se ao conjunto de todas as coisas. A generalidade das modernas teorias dos conjuntos não admitem um conjunto universal.

CONJUNTO VAZIO

Conjunto vazio – Conceito da teoria dos conjuntos. Um conjunto é vazio (ou nulo) quando não possui elementos. Partindo do axioma da extensionalidade, infere-se que existe no máximo um conjunto vazio no universo dos conjuntos. Uma vez que não tem elementos, o conjunto vazio comporta-se como um zero ou elemento de identidade relativamente aos conjuntos sob as operações de união e intersecção.

Conjunto-potência, axioma do – *V*. Axioma do conjunto-potência.

Conjunto-soma, axioma do – *V*. Axioma da união; Axioma do conjunto-soma.

Conotação – Refere-se geralmente a ideias ou a associações de natureza emotiva ou intelectual sugeridas por uma palavra, em contraste com a sua denotação. John Stuart Mill fez uso da oposição denotação//conotação na semântica de substantivos comuns no seu *System of Logic* (1843). Para Mill, a conotação de um substantivo comum consiste no conjunto de características gerais que lhe estão normalmente associadas, características essas que, segundo Mill, determinam o leque de itens aos quais o termo se aplica correctamente. Exemplo: as descrições «o filósofo que bebeu a cicuta» e «o mestre de Platão» têm a mesma denotação, mas diferentes conotações.
V. Denotação, Extensão; Intensão.

Consequente – Termo da lógica. O consequente corresponde à cláusula «então» de uma condicional da forma «Se..., então...».
V. Condicional material; Falácia da afirmação da consequente.

Consequentiae – Formas válidas de condicionais ou de consequência lógica na lógica de Boécio e outros. Apesar de terem usado a forma condicional, discute-se se a intenção seria falar da consequência lógica.

Consistência – Noção básica da metalógica. Em sentido *sintáctico*, um conjunto Γ de frases ou proposições é consistente (satisfazível) apenas se não existe qualquer frase P, tal que P e $\neg P$ são deriváveis de Γ. Em sentido *semântico*, Γ é consistente apenas se não existe qualquer proposição P, tal que P e $\neg P$ sejam logicamente implicadas por Γ.
V. Satisfação.

Consistência ómega – Noção da metamatemática. Uma teoria T, numa linguagem aritmética L, diz-se ter consistência ómega («ω-consistente») se não existir qualquer fórmula ϕx de L, tal que cada fórmula da forma ϕn (em que «n» é um numeral) é demonstrável em T, e também demonstra $\neg \forall x \phi x$. Gödel usou a consistência ω como condição nas teorias para as quais demonstrou os seus teoremas da incompletude. Rosser mostrou mais tarde como demonstrar o primeiro teorema da incompletude usando apenas a consistência (uma condição mais fraca do que a consistência ómega).
V. Consistência.

Constante – Em matemática e na ciência em geral, uma quantidade ou expressão linguística que tem, no contexto, um valor fixo e determinado, tal como π, a velocidade da luz ou a constante gravitacional. Em lógica, as constantes representam, sintacticamente, as posições e padrões numa expressão formal que não podem ser governadas por quantificadores ou outros operadores de ligação. Em termos semânticos, são os elementos de uma expressão cujo valor não muda depois de fixada uma dada interpretação da linguagem. As constantes *lógicas* são entidades formais que não admitem reinterpretação; canonicamente, aqui se incluem os conectores e os quantificadores. As constantes predicativas e individuais são aquelas às quais, após dada interpretação, se atribuem subconjuntos fixos do domínio de interpretação ou elementos desse domínio.

Constante lógica – *V.* Constante.

Constante, função – *V.* Função constante.

Construtibilidade, axioma da – *V.* Axioma da construtibilidade.

Construtivas, princípio das escolhas – *V.* Princípio de Markov.

Contável – Noção da teoria dos conjuntos. Um conjunto é contável (ou enumerável) quando é vazio ou pode ser discriminado exaustivamente pelos números naturais. Isto equivale a dizer que um conjunto é contável quando estabelece uma correspondência de um-para-um com o conjunto dos números naturais. Qualquer conjunto que não é contável denomina-se não-contável.

Continuidade, teorema da – *V.* Sequência de escolha.

CONTÍNUO, HIPÓTESE DO

Contínuo, hipótese do – *V*. Hipótese do contínuo.

Contracção – Termo da lógica moderna. Tipo de regra estrutural dos sistemas de sequentes. Em termos gerais, a contracção consiste na modificação de um argumento ou inferência válidos, em que a repetição das premissas é minimizada ou eliminada.

Contradição – Noção básica da lógica. Diz-se da proposição que é logicamente impossível que seja verdadeira, ou quando é logicamente necessário que seja falsa. Exemplo: qualquer proposição da forma «*p* e não *p*» é uma contradição.
V. Ex falso quodlibet.

Contradição, lei da – *V*. Lei da contradição.

Contraditórios – *V*. Oposição.

Contradomínio – *V*. Imagem (de uma função/relação).

Contrafactual, condicional – V. Condicional contrafactual.

Contraposição – Noção elementar da lógica. Em lógica proporcional, a contraposição consiste em transformar uma frase do tipo «se *p*, então *q*» em «se não-*q*, então não-*p*» (a contrapositiva da frase original). Tal é válido na generalidade das lógicas das condicionais. Em lógica *aristotélica*, a contraposição refere-se às formas válidas de inferência imediata e suas conversas: «todos os *A* são *B*; logo, todos os não-*B* são não-*A*» e «alguns *A* são não-*B*; logo, alguns não-*B* não são não-*A*».
V. Inferência imediata.

Condicional contrário aos factos – *V*. Contrafactual condicional.

Contrárias – *V*. Oposição.

Conversão *per accidens* – Termo da lógica tradicional. Refere-se a dois modos de inferência imediata na silogística: «todos os *A* são *B*; logo, alguns *B* são *A*», e «nenhum *A* é *B*; logo, alguns *B* não são *A*». Só é válida sob o pressuposto existencial de que existem *A*.
V. Inferência imediata.

Conversão simples – Termo da lógica tradicional, que diz respeito a dois modos válidos de inferência imediata que sustentam equivalências

na silogística: «alguns *A* são *B*; logo, alguns *B* são *A*», e «nenhum *A* é *B*; logo, nenhum *B* é *A*».
V. Inferência imediata.

Cópula – Qualquer forma do verbo «ser» (ou da sua negação) que liga sujeito e predicado. Em lógica tradicional, a expressão «não é / não são» é por vezes denominada cópula negativa.
V. Proposição categórica.

Correcção (de um cálculo lógico) – Termo da metalógica. Diz-se que um cálculo lógico é *fracamente* correcto quando qualquer teorema lógico é uma verdade lógica. A formalização do conceito mais geral de consequência lógica obriga a que o cálculo também seja *fortemente* correcto, isto é, sempre que uma frase *E* se pode derivar de um conjunto de premissas Γ, *E* será uma consequência lógica de Γ.
V. Completude (de um cálculo lógico).

Correcção (de um sistema formal) – Conceito da metalógica. Um sistema ou cálculo formal diz-se correcto quando todos os seus teoremas ou derivações apresentam a propriedade (tipicamente semântica) que se espera que o sistema formalize. Um formalismo aritmético diz-se correcto quando todos os seus teoremas constituem verdades aritméticas.
V. Correcção (de um cálculo lógico).

Correcção (de uma teoria) – Noção da metamatemática. Uma teoria é correcta quando todos os seus teoremas são verdadeiros na estrutura visada. Exemplo: os teoremas da aritmética de primeira ordem de Peano são verdadeiros na estrutura dos números naturais.
V. Teoria.

Correcção, solidez de uma – *V*. Solidez (de uma teoria).

Correspondência um-um – Termo da teoria dos conjuntos e da matemática em geral, a que também se chama injecção. Uma correspondência um-um (ou 1-1) entre dois conjuntos *A* e *B* é uma função $f : A \rightarrow B$ que mapeia cada elemento de *A* num único elemento de *B*: para todo o x, y pertencente a *A*, se $f(x) = f(y)$, então $x = y$.

Corte/eliminação, teorema do – *V*. Teorema do corte/eliminação.

Curry, paradoxo de – *V*. Paradoxo de Curry.

D

Dabitis – *V*. Modo (de um silogismo categórico).

Dados de entrada (de uma função) – *V*. Função.

Darapti - *V*. Modo (de um silogismo categórico).

Daraptis - *V*. Modo (de um silogismo categórico).

Darii - *V*. Modo (de um silogismo categórico).

Datisi - *V*. Modo (de um silogismo categórico).

De dicto – *V. De re / de dicto*.

De Morgan, leis de – Teoremas da lógica proposicional e da álgebra booleana. Já conhecidos dos lógicos medievais, receberam o nome de De Morgan (1806-71), que as formulou como leis para operações de classes. Em lógica proposicional, as leis de De Morgan determinam que, para as afirmações *A* e *B*:

$$\text{não-}(A \text{ e } B) = \text{não-}A \text{ ou não-}B$$
$$\text{não-}(A \text{ ou } B) = \text{não-}A \text{ e não-}B$$

De re/de dicto – Distinção importante das lógicas modal e intensional. Uma expressão modal ou epistémica como «possivelmente» ou «é sabido que» é usada *de dicto* apenas se modifica toda uma frase ou proposição (*dictum*). É usada *de re* quando atribui uma característica modal ou epistémica a um elemento ou característica particular (*res*) mencionado na frase. Esta distinção, que desempenhou um papel implícito na lógica grega e explícito em lógica medieval (S. Tomás de Aquino e Pedro Hispano), sofreu várias formulações no decorrer dos séculos. Modernamente, ela tem maior incidência sobre os termos singulares e menor sobre os predicados. Quine invoca o princípio da «exportação» quando, partindo de uma afirmação *de dicto* do género «António acredita que Cícero denunciou Catilina», se infere um enunciado *de re* «António acredita ser Cícero quem denunciou Catilina». Pedro Hispano considerou tal inferência falaciosa. Por exemplo: se interpretarmos a afirmação «é possível que todos sejam casados», como expressão de que a afirmação de que todos são casados é possivelmente verdadeira, a expressão «é possível» é usada *de dicto*. Entendido o enunciado «é possível que todos sejam casados» como significando, para cada indivíduo, que ele é possivelmente casado, essa possibilidade será, então, *de re*.

Decidibilidade – Noção básica da teoria da computação e da metamatemática. Um *conjunto* (de números ou fórmulas, por exemplo, numa qualquer linguagem formal) é decidível se existe um processo de decisão quanto à pertença nesse conjunto, isto é, um algoritmo que determina, para qualquer elemento adequado (número, fórmula, etc.), se esse elemento é ou não um dos membros do conjunto. Diz-se que um conjunto é parcialmente decidível se existir um procedimento que confirme com segurança para qualquer elemento do conjunto a relação de pertença ao conjunto, mas pode não produzir resposta alguma em presença de um membro que não pertença ao conjunto. Considera-se que uma *propriedade* é decidível ou parcialmente decidível se o conjunto de elementos que têm a propriedade também o for. Uma frase E é decidível numa teoria T (ou decidível por ela) apenas se E ou $\neg E$ forem demonstráveis em T. Exemplos: o método da tabela de verdade fornece um processo de decisão na lógica proposicional clássica e põe em evidência que o conjunto das tautologias proposicionais é decidível. O conjunto de frases válidas da lógica predicativa, por outro lado, é apenas decidível.
V. Algoritmo; Church, teorema de.

Dedução – *V*. Derivação.

Dedutibilidade – Termo da metalógica. Num sistema formal F que

DEFINIÇÃO IMPREDICATIVA

consista numa linguagem L, axiomas e/ou regras de inferência, a fórmula ϕ de L diz-se dedutível de um conjunto de fórmulas A de L apenas se existir uma sequência finita de fórmulas ϕ_1, ..., ϕ_n de L, tal que ϕ_n é ϕ e cada ϕ_i, $i < n$ é ou um elemento de A, ou um axioma de F, ou, ainda, mediante uma regra de inferência de F, deriva de elementos anteriores de ϕ_1, ..., ϕ_n. Numa acepção mais informal, uma frase diz-se dedutível de um conjunto de frases apenas se se deriva desse conjunto por meio do raciocínio dedutivo.
V. Derivação.

Definição impredicativa – Termo da metalógica. Uma definição impredicativa de um objecto ou classe é qualquer definição que refira uma colecção a que pertence esse objecto ou classe. Em matemática, o emprego de definições impredicativas foi abandonado por Russell no seu princípio do círculo vicioso. A adopção deste princípio motivou o desenvolvimento da sua teoria dos tipos.

Demonstração construtiva de existência – Uma demonstração construtiva de existência é qualquer demonstração matemática ou derivação, num sistema formal, de uma conclusão existencial do tipo «existe algo que é A», na qual se fornece um meio de descrever, produzir ou construir adequadamente um elemento apropriado que, demonstravelmente, é A. Este estilo de demonstração, muito caro aos matemáticos intuicionistas e construtivistas, opõe-se às demonstrações não-construtivas de existência, cujas conclusões existenciais são deduzidas mediante processos alternativos como a redução ao absurdo da suposição de que nada pode ser A.

Demonstrabilidade, predicado de – V. Predicado de demonstrabilidade.

Demonstração – Termo das lógicas tradicional e moderna. Na lógica moderna, demonstração é sinónimo de «prova», ou de um raciocínio dedutivo que parte de premissas axiomáticas. Em lógica tradicional, refere-se a um raciocínio dedutivo baseado em premissas verdadeiras e fundamentais (ou necessárias) – o tipo de premissas que o professor ideal, informado e disciplinado, fornecerá aos seus alunos. Na demonstração, parte-se de proposições que sejam asserções fundamentais

DERIVABILIDADE, CONDIÇÕES DE

acerca de dado tema para chegar a outra diferente, necessariamente derivada das anteriores. Opõe-se a raciocínio *dialéctico*.
V. Argumento dialéctico; Derivação.

Demonstração condicional – Termo da lógica e da matemática. Refere-se a um tipo de demonstração em que se deduz uma conclusão C de uma lista P_1, ..., P_n de premissas adicionais e daí se estabelece a proposição condicional «se P_1 e P_2 e ... e P_n, então C».

Demonstração directa – Termo da lógica e da matemática. Consiste num tipo de demonstração segundo a qual se deduz determinada conclusão directamente das suas premissas, mediante um determinado número de passos de análise e/ou combinação. Contrasta com demonstração indirecta ou *reductio ad absurdum*.

Demonstração indirecta – *V*. *Reductio ad absurdum*.

Demonstração formal – *V*. Sistema formal.

Denotação – Termo da semântica e da lógica formal. Na semântica formal contemporânea, a denotação de uma expressão é o seu valor semântico, a(s) entidade(s) a ela associada(s) segundo um dado esquema de interpretação. Na perspectiva concebida por John Stuart Mill em *System of Logic* (1843), a denotação de um termo, em contraste com sua conotação, consiste no conjunto de itens a que o termo apropriadamente se aplica. Exemplos: as expressões «Luís de Camões» e «o autor d'*Os Lusíadas*» têm igual denotação; a denotação de «autor de *Principia Mathematica*» é o conjunto formado por Bertrand Russell e Alfred North Whitehead.
V. Conotação; Extensão.

Densa, ordem/relação – V. Relações (propriedades das).

Derivabilidade, condições de – Condições impostas às expressões aritmetizadas de demonstrabilidade usadas na demonstração de resultados, como o segundo teorema da incompletude de Gödel ou o teorema de Löb (versões generalizadas). Os autores da sua primeira formulação explícita, em 1939, foram Hilbert e Bernays. Em 1955, Löb procedeu à sua actualização e simplificação na solução proposta para o problema de Henkin, simplificação essa que seguidamente se apresenta, onde

DERIVAÇÃO

as siglas «CD» significam «condições de derivabilidade» (a fórmula $\text{Dem}_T(x)$ «expressa» a noção de uma fórmula ser demonstrável em T, no sentido limitado em que o conjunto de A, tal que $\vdash_T \text{Dem}_T(\ulcorner A \urcorner)$ é o conjunto de teoremas de T. $\ulcorner A \urcorner$ é o numeral na linguagem de T para o número de Gödel de A):

CD1 Para todas as frases A da linguagem de uma teoria T, se A for um teorema de T, então é demonstrável em T que $\text{Dem}_T(\ulcorner A \urcorner)$.

CD2 Para todas as frases A, B da linguagem de T,
«$\text{Dem}_T(\ulcorner A{\rightarrow}B \urcorner) \rightarrow (\text{Dem}_T(\ulcorner A \urcorner) \rightarrow \text{Dem}_T(\ulcorner B \urcorner))$»
é um teorema de T.

CD3 Para qualquer frase A da linguagem de T,
«$\text{Dem}_T(\ulcorner A \urcorner) \rightarrow \text{Dem}_T(\ulcorner \text{Dem}_T(\ulcorner A \urcorner) \urcorner)$»
é um teorema de T.

V. Frase de Henkin; Predicado de demonstrabilidade; Problema de Henkin; Teoremas da incompletude; Teorema de Löb.

Derivação – Noção da metalógica. Uma derivação (ou dedução) é uma entidade sintáctica que corresponde a um argumento, inferência ou demonstração em dado sistema formal de inferência ou de demonstração. Trata-se normalmente de uma sequência finita de frases de uma linguagem formal, em que a primeira é um axioma e os constituintes seguintes ou são axiomas ou seguem-se de elementos anteriores pela aplicação das regras de transformação do sistema. A conclusão da derivação é o último membro da sequência. Num tal sistema, diz-se que a frase E é derivável se há uma derivação cujo último elemento é E.

Determinabilidade, axioma da – V. Axioma da determinabilidade; Axioma de extensionalidade.

Diagonal, argumento da – *V.* Argumento da diagonal.

Diagrama – *V.* Função.

Dialéctico, argumento – *V.* Argumento dialéctico.

Diferença de conjuntos – Termo da teoria dos conjuntos e da matemática. A diferença $A - B$ entre dois conjuntos A e B é a colecção de coisas que são elementos de A mas não de B. A colecção de coisas que são elementos de A mas não de B, juntamente com a colecção de coisas de B mas não de A é chamada a diferença *simétrica* de A e B.

Diferença simétrica de conjuntos – V. Diferença de conjuntos.

Dilema – Termo da lógica tradicional, a que se dá também o nome de «silogismo dilemático». Refere-se a uma de duas formas de argumentação, em que a primeira premissa, ou premissa maior, afirma duas condicionais. Num dilema *construtivo*, as condicionais apresentam antecedentes diferentes mas a mesma consequente. A segunda premissa estabelece, então, a disjunção das antecedentes, enquanto a conclusão determina a consequente comum:

> Se P, então R, e se Q, então R.
> Mas ou P ou Q.
> Logo, R.

Num dilema *destrutivo*, as condicionais têm a mesma antecedente, mas diferentes consequentes. A segunda premissa afirma a disjunção das negações das consequentes, e a conclusão a negação da antecedente comum:

> Se P, então Q, e se P, então R.
> Mas ou não Q ou não R.
> Logo não P.

Dilemático, silogismo – V. Dilema.

Diluição – Termo da lógica moderna, também chamado *enfraquecimento* ou *diminuição*. Tipo de regra estrutural em sistemas de sequentes. Refere-se, aproximadamente, a qualquer uma de várias modificações de argumentos ou inferência nos quais uma inferência já válida é enfraquecida (diluída) acrescentando premissas, por conjunção, às premissas existentes, ou acrescentando conclusões, por disjunção, à conclusão existente. Pode também referir-se a argumentos isolados, nos quais a conclusão é apenas uma das premissas unida por disjunção a outra frase; aqui, a conclusão é referida como um enfraquecimento (diluição) das premissas.

Dimari – V. Modo (de um silogismo categórico).

Dimaris – V. Modo (de um silogismo categórico).

DIMATIS

Dimatis – *V.* Modo (de um silogismo categórico).

Diminuição – *V.* Diluição.

Disamis - *V.* Modo (de um silogismo categórico).

Discurso, domínio do – *V.* Domínio do discurso.

Disjunção – Termo da lógica proposicional. Refere-se a qualquer termo que se utiliza na transformação de duas frases numa frase composta maior, em que a verdade desta última exige a verdade de apenas um dos seus elementos constituintes – as frases disjuntas. O exemplo mais simples é «ou». Pode também designar as frases compostas assim formadas. Existem duas espécies de disjunções vulgarmente aceites em lógica proposicional: a *inclusiva* e a *exclusiva*. Um composto disjuntivo inclusivo é verdadeiro se, e só se, pelo menos um dos seus componentes o for; um composto disjuntivo exclusivo é verdadeiro se, e só se, exactamente um dos seus componentes for verdadeiro.

Disjunção exclusiva – *V.* Disjunção.

Disjunção inclusiva – *V.* Disjunção.

Disjuntiva, forma normal – *V.* Forma normal (disjuntiva).

Disjuntivo, silogismo – *V.* Silogismo disjuntivo.

Distinção classe/conjunto – *V.* Teoria dos conjuntos de von Neumann--Bernays-Gödel; Teoria dos conjuntos de Zermelo-Fraenkel.

Divisão, falácia da – *V.* Falácia da Divisão.

Domínio (de uma função/relação) – Termo da lógica e da teoria dos conjuntos, também designado «campo esquerdo» de uma relação. O domínio de uma qualquer *relação R* n-ária é a colecção de $n - 1$-tuplos $\langle a_1, ... a_{n-1} \rangle$ tal que existe um a_n com $Ra_1 ... a_n$. O domínio de uma *função* $f: A \to B$ é o conjunto A no qual f é definido.

Domínio do discurso – Termo da lógica e da teoria dos modelos. Tradicionalmente, denominava a classe de coisas faladas no discurso. Em lógica moderna, é o termo que normalmente se emprega para falar do domínio ou universo de uma estrutura.
V. Estrutura.

Dualidade – Propriedade fundamental das leis equacionais da álgebra booleana e das equivalências lógicas da lógica clássica. Em álgebra booleana, o teorema da dualidade determina que uma equação expressa uma lei da álgebra booleana se, e só se, a sua dual também o fizer. Assim, a dual de uma equação booleana resulta da permuta do símbolo intersecção com o de união, e de 0 com 1, em toda a equação. Numa linguagem para a lógica proposicional onde a disjunção, conjunção e negação são primitivas, a dual de uma fórmula é obtida mediante a substituição da disjunção pela conjunção e vice-versa. Neste caso, sempre que duas fórmulas são logicamente equivalentes, também as suas duais o são. O conceito de dualidade reveste-se de especial destaque na geometria dos primórdios do século XIX, quando se observou que diversos teoremas aplicados da geometria do plano tinham duais obtíveis pela substituição do termo «linha» por «ponto», e vice-versa.

E

Encontro – Noção da teoria dos conjuntos e da matemática em geral. O encontro de uma família de conjuntos é a sua intersecção. Na geometria, o ponto de intersecção de duas linhas é também chamado o seu ponto de encontro.

V. Intersecção (de conjuntos).

Endomorfismo – Termo da teoria dos modelos e da álgebra. Trata-se de um homomorfismo cujo domínio e contradomínio são um e o mesmo conjunto.

V. Homomorfismo.

Enfraquecimento – *V.* Diluição.

Entimema – Termo da lógica. Em lógica moderna, trata-se de um argumento inválido se tomado à letra, mas que ganha validade quando certas proposições, consideradas suficientemente óbvias ou evidentes para não necessitarem de afirmação explícita, são tomadas como premissas implícitas. Na lógica tradicional refere-se, em sentido lato, a um silogismo a que falta uma premissa, que o leitor deverá fornecer.

Entscheidungsproblem – Palavra alemã que significa «problema da decisão», mas que se reserva a um problema específico, que consiste em encontrar um teste mecânico de validade em lógica de primeira ordem. Em 1936, Church e Turing demonstraram, independentemente, a sua insolubilidade.

V. Teorema de Church; Problema de decisão.

Enumerável – *V*. Contável.

Epiménides, paradoxo de – *V*. Paradoxo de Epiménides.

Equinumerosidade/equipolência – Termo da teoria dos conjuntos. Diz-se que dois ou mais conjuntos são equipolentes, ou equinumerosos, quando têm o mesmo número de membros ou, mais exactamente, quando existe uma bijecção entre eles. A equipolência é uma noção fundacional para o tratamento de Cantor dos números cardinais transfinitos. *V*. Cardinalidade.

Equivalência-V – Noção própria da semântica de Tarski. Refere-se a uma frase da forma «[*F*] é verdadeira se, e só se, *F*», onde a letra «*F*» representa uma frase de dada linguagem *L* e «[*F*]» representa um nome dessa frase em *L*. Tarski sustentava que qualquer definição de verdade materialmente (isto é, extensionalmente) adequada para *L* deveria satisfazer todas as equivalências-*V* formuláveis em *L*.

Escolha, axioma da – *V*. Axioma da escolha.

Escolha, sequência de – *V*. Sequência de escolha.

Esquema axiomático – Termo da lógica moderna. É uma expressão que emprega «letras» esquemáticas (variáveis metalinguísticas), e que estabelece uma infinidade de axiomas particulares, um para cada substituição de uma expressão definida do tipo adequado para as letras esquemáticas. O esquema axiomático da indução aritmética de primeira ordem é disso um exemplo clássico. Eis a sua formulação:

$$(\phi(0) \ \& \ \forall x(\phi x \to \phi x')) \to \forall x \phi x,$$

em que ϕ é esquemático para fórmulas bem formadas da linguagem. Quando a expressão substitui ϕ obtém-se um axioma da aritmética de primeira ordem.

Essencialismo – A perspectiva de que determinadas propriedades são necessárias ao objecto a que se reportam. Consequentemente, certas proposições singulares, como «Aristóteles foi um homem», são necessárias e não apenas verdades contingentes.

Estrita, implicação – *V*. Paradoxos da implicação estrita e da implicação material.

ESTRUTURA

Estrutura – Noção fulcral da teoria dos modelos. Uma estrutura M para uma linguagem (ou assinatura) L é um par $\langle D, I \rangle$, em que D é um conjunto designado como domínio de M (por vezes também denominado o universo do discurso de M ou o veículo de M) e I (a função de interpretação de M) é uma função que mapeia cada constante individual de L com um elemento de D, cada relação *n-ária* de L com um conjunto de n-tuplos de elementos de D e cada função de ordem m de L com um mapeamento dos m-tuplos de elementos de D para os elementos de D. Uma estrutura é um *modelo* de uma teoria T (isto é, de um conjunto de frases) quando torna verdadeiros todos os elementos de T. Classicamente, D tem de ser não-vazio, embora este já não seja um requisito obrigatório da teoria dos modelos.
V. Assinatura; Interpretação; Modelo anormal; Satisfação.

Estruturas de equivalência elementar – Termo da metalógica. Duas estruturas têm equivalência elementar se sempre que uma frase de primeira ordem é verdadeira numa delas, também o é na outra. Exemplo: a aritmética de primeira ordem tem modelos não-canónicos que têm equivalência elementar relativamente ao modelo pretendido.

Eubúlides, paradoxo de – *V.* Paradoxo de Eubúlides; Paradoxo do mentiroso.

Ex falso quodlibet – Termo da lógica tradicional que significa «do falso tudo se segue». Refere-se à forma de inferência clássica válida que permite concluir, validadamente, qualquer proposição que seja, partindo de uma contradição. Foi um conceito rejeitado pelos que advogam a lógica relevante.

Extensão – Termo da lógica e da linguística. Tradicionalmente, quando aplicada a termos gerais, designa o conjunto de objectos a que esse termo se aplica. A extensão de uma propriedade P consiste no agregado de todos os objectos que têm P. Mais recentemente, refere-se a qualquer coisa (por exemplo um indivíduo ou uma classe de indivíduos) que seja o valor semântico de dada expressão sob uma interpretação da linguagem a que pertence.
V. Abstracção; Classe; Denotação; Intensão.

EXTENSIONALIDADE, AXIOMA DA

Extensão (de uma teoria) – Noção da metalógica. Seja T uma teoria numa linguagem L, T' uma teoria na linguagem L' e seja o conjunto de frases de L um subconjunto do conjunto de frases de L'. Diz-se que T' é uma extensão de T (ou que T é uma subteoria de T') se, e só se, T for um subconjunto de T'. T' é então uma extensão *conservadora* de T se, e só se, qualquer frase de L que for um teorema de T' for também um teorema de T. De uma forma mais abrangente, se A for um qualquer conjunto de frases de L, diz-se que T' é uma extensão conservadora de T em relação a A se, e só se, T' for uma subteoria de T relativamente a A. Exemplo: a aritmética de primeira ordem com adição e multiplicação é uma extensão conservadora da aritmética de primeira ordem, só com adição.
V. Teoria.

Extensão conservadora (de uma teoria) – *V*. Extensão (de uma teoria).

Extensionalidade, axioma da – *V*. Axioma da extensionalidade.

F

Falácia – Termo da lógica. Uma falácia é um erro ou um lapso argumentativo que passa muitas vezes despercebido, e que impede que o argumento cumpra a sua função persuasiva. Diz-se também de um argumento que enferma desse erro. Desde Aristóteles que os lógicos vêm enumerando e classificando falácias consideradas vulgares e particularmente enganosas. Uma falácia é *formal* quando a sua invalidade é perceptível unicamente com base na própria estrutura do argumento, caso contrário a falácia é *informal*.

V. Argumento *ad hominem*; Argumento *ad ignorantiam*; Falácia da afirmação da consequente; Falácia da ambiguidade; Falácia da composição; Falácia da divisão; Falácia da negação da antecedente; Falácia do processo ilícito; Falácia do raciocínio circular; *Ignoratio elenchi*; *Non sequitur*; Paralogismo.

Falácia da afirmação da consequente – Termo da lógica; falácia formal. A falácia é cometida em argumentos em que, da premissa condicional «se *A*, então *B*» e da asserção da consequente (*B*), se conclui incorrectamente a antecedente, *A*.

V. Condicional material.

Falácia da ambiguidade – Termo da lógica; falácia informal ou classe de falácias informais. Comete-se uma falácia da ambiguidade quando o ponto crucial do nosso argumento depende do uso de dada palavra ou expressão com dois significados ou sentidos diferentes. A falácia do equívoco, designadamente, enquadra-se nesta categoria, em que o argumento depende crucialmente do uso de uma palavra ambígua em dois sentidos diferentes. Exemplo: a Ana é virtuosa, e toca violino; logo, a Ana é uma violinista virtuosa.

Falácia da composição – Termo da lógica; falácia informal. Comete-se a falácia da composição quando ilicitamente se infere da premissa segundo a qual partes ou membros de um todo partilham uma dada propriedade, que o todo também a possui. A falácia da composição é a conversa da falácia da divisão. Exemplo: «todos os seres da natureza servem um propósito inteligível; logo, a própria natureza serve um propósito inteligível».

Falácia da divisão – Termo da lógica; falácia informal. Incorre-se na falácia da divisão quando, partindo da premissa de que um todo tem uma dada propriedade, ilicitamente se infere que as partes partilham essa mesma propriedade. A falácia da divisão é a conversa da falácia da composição. Exemplo: «Jorge é um dos membros de uma excelente equipa de futebol; logo, o Jorge é um excelente jogador de futebol».

Falácia da negação da antecedente – Termo da lógica; falácia formal. Comete-se este tipo de falácia em argumentos em que, partindo de uma premissa condicional («se A, então B»), e da negação da antecedente dessa condicional («não-A»), se conclui incorrectamente a negação da consequente («não-B»).

Falácia do processo ilícito – Trata-se de um tipo falacioso de raciocínio silogístico, no qual um termo está distribuído na conclusão mas não nas premissas. Se o termo maior não estiver distribuído, denomina-se falácia da ilícita maior (por exemplo, «todo o homem é mortal; nenhuma mulher é homem; logo, nenhuma mulher é mortal»). Se o termo menor não estiver distribuído, chama-se falácia da ilícita menor (por exemplo: «todo o homem é mortal; nenhuma mulher é homem; logo, nenhum mortal é mulher»).

V. Termo distribuído (de um silogismo).

Falácia do raciocínio circular – Termo da lógica; falácia informal ou classe de falácias informais, também conhecida como argumento circular, círculo vicioso ou *petitio principii*. Um argumento exibe um raciocínio circular quando, explícita ou implicitamente, pressupõe a sua conclusão, ou uma afirmação equivalente à conclusão, entre as suas premissas. Para aceitar as premissas de um argumento circular, teremos de aceitar previamente a conclusão.

Fapesmo – *V*. Modo (de um silogismo categórico).

Fechado, termo/fórmula – Noção da lógica de predicados. Diz-se de um termo ou fórmula que não contém qualquer ocorrência livre de uma variável que possa ser ligada.
V. Variável.

Fecho (dedutivo, lógico) – Termo da metalógica. Um conjunto de frases *A* de uma linguagem *L* é dedutivamente fechado sempre que qualquer frase de *L* dedutível de *A* for um elemento de *A*. O fecho dedutivo de um conjunto *A* é o conjunto de todos as frases dedutíveis de *A*. O fecho *dedutivo* é uma noção sintáctica. O fecho *lógico* é um conceito semântico que se obtém quando um conjunto *A* de frases de *L* contém todas as frases de *L* que se derivam validamente de *A*.

Fecho transitivo – *V*. Ancestral (de uma relação).

Felapto – *V*. Modo (de um silogismo categórico).

Felapton – *V*. Modo (de um silogismo categórico).

Ferio – *V*. Modo (de um silogismo categórico).

Ferison – *V*. Modo (de um silogismo categórico).

Fesapo – *V*. Modo (de um silogismo categórico).

Festino – *V*. Modo (de um silogismo categórico).

Figura (de um silogismo categórico) – Termo da lógica tradicional. Designa a posição que o termo médio de um silogismo ocupa relativamente aos seus termos *maior* e *menor*. Aristóteles distinguiu três figuras (também chamadas esquemas). Na primeira, o termo médio é o predicado de uma das premissas e sujeito da outra (*S* é *M*; *M* é *P*; logo, *S* é *P*); na segunda, é o predicado de ambas as premissas (*S* é *M*; *P* é *M*; portanto, *S* é *P*); na terceira é o sujeito de ambas (*M* é *P*; *M* é *S*; logo, *S*

FORMA NORMAL (DISJUNTIVA)

é *P*). Alguns lógicos medievais, e a generalidade dos lógicos modernos, dividiram a primeira figura em duas, obtendo assim quatro em vez de três figuras, a primeira delas já definida anteriormente, na qual o termo médio é o predicado do termo menor numa das premissas e, na outra, o sujeito do termo maior; na segunda, o termo médio é o sujeito do termo menor numa das premissas e o predicado do termo maior na outra (*P* é *M*; *M* é *S*; portanto, *S* é *P*).
V. Silogismo perfeito.

Filoniano, condicional – *V*. Condicional material.

Fimeno – *V*. Modo (de um silogismo categórico).

Finito – Termo matemático. Normalmente, um conjunto é finito se tiver *n* membros para algum número natural *n*.
V. Infinito.

Finito, carácter – *V*. Carácter finito.

Forcing – Método semântico para alargar modelos da teoria dos conjuntos. Este método foi introduzido em 1963 por Paul Cohen, nas suas famosas demonstrações da independência da teoria dos conjuntos de Zermelo-Fraenkel relativamente ao axioma da escolha e à hipótese do contínuo de Cantor. Desde então, as reformulações ou simplificações deste método foram aplicadas para obter resultados de consistência e independência em diversos ramos da alta matemática, incluindo na topologia e na álgebra.

Forma normal (conjuntiva) – Noção da lógica formal. Uma fórmula encontra-se na forma normal conjuntiva se for uma conjunção de disjunções de fórmulas atómicas e negações de fórmulas atómicas. Na lógica proposicional clássica, qualquer fórmula é logicamente equivalente a uma em forma normal conjuntiva.

Forma normal (disjuntiva) – Noção da lógica formal. Uma fórmula encontra-se na forma normal disjuntiva se for uma disjunção de conjunções de fórmulas atómicas e negações de fórmulas atómicas. Em lógica proposicional clássica, qualquer fórmula é logicamente equivalente a uma em forma normal disjuntiva.

FORMA NORMAL (PRENEXA)

Forma normal (prenexa) – Noção da metalógica. Diz-se que uma fórmula está na forma normal prenexa, se consiste numa cadeia de quantificadores (possivelmente vazia, denominada prefixo quantificador) seguida de uma fórmula (chamada matriz), que não contempla quantificadores. Qualquer fórmula de uma linguagem de primeira ordem é logicamente equivalente a uma fórmula de primeira ordem na forma normal prenexa.

Forma normal de Skolem – Noção da metalógica. Uma fórmula apresenta-se na forma normal de Skolem quando está na forma normal prenexa e o seu prefixo quantificador consiste num bloco (possivelmente vazio) de quantificadores existenciais seguidos de um bloco (possivelmente vazio também) de quantificadores universais. Uma fórmula, e a sua forma normal de Skolem, são ambas demonstráveis, ou são ambas não demonstráveis no cálculo de predicados e, portanto, ou são ambas válidas, ou são ambas não-válidas.

Fórmula/termo aberto – *V*. Variável.

Fraenkel, teoria dos conjuntos de – *V*. Teoria dos conjuntos de Zermelo-Fraenkel.

Frase – Noção da lógica. Numa linguagem formal, diz-se que uma fórmula é uma frase quando não contém ocorrências livres de variáveis. *V*. Variável.

Frase de Gödel – Um tipo de frase formal construída e demonstrada como independente de teorias particulares, mediante técnicas apresentadas por Gödel. Dada uma teoria formal T suficiente para a aritmética, uma frase de Gödel para T é uma frase na linguagem de T que «declara» ser indemonstrável em T. Mais precisamente, uma frase G é uma frase de Gödel para uma teoria apenas se a seguinte equivalência for demonstrável em T: $G \leftrightarrow \neg \mathrm{Dem}_T(\ulcorner G \urcorner)$. Tal frase G é também chamada um «ponto fixo (gödeliano)» da fórmula $\mathrm{Dem}_T(x)$ em T. Regra geral, nem uma frase de Gödel para T nem a sua negação são demonstráveis em T. *V*. Condições de derivabilidade.

Frase de Henkin – Uma frase H na linguagem de uma teoria formal T é uma frase de Henkin para T apenas se o seguinte puder ser demonstrado

FUNÇÃO CARACTERÍSTICA

em T (em que $\text{Dem}_T(x)$ satisfaz as condições de derivabilidade):
$H \leftrightarrow \text{Dem}_T(^\ulcorner H^\urcorner)$.
V. Condições de derivabilidade.

Fresison – *V*. Modo (de um silogismo categórico).

Frisesomorum – *V*. Modo (de um silogismo categórico).

Função – Termo da teoria dos conjuntos e da matemática em geral, a que se dá também a designação de mapeamento. Trata-se de uma operação que toma elementos de um conjunto e produz elementos de outro (ou do mesmo) conjunto. Se *f* é definida no conjunto *A* e apresenta resultados no conjunto *B*, diz-se que *f* é uma função de *A* para *B* (representada simbolicamente $f: A \rightarrow B$). *A* é o *domínio* de *f* e *B* o seu *contradomínio*. Aos elementos *a* de *A* dá-se o nome de *argumentos* ou *dados de entrada* de *f*, e o elemento $f(a)$ de *B* resultante da aplicação de *f* a *a* é chamado o *valor*, *dado de saída* ou *imagem* de *f* em *a*. Uma função *total* de *A* para *B* é aquela que é definida para qualquer elemento de *A*; caso contrário, trata-se de uma função *parcial*. Em teoria dos conjuntos, uma função exprime uma *relação* muitos-um (relação que associa a cada sequência adequada de elementos do seu campo um único membro do seu campo). Uma função *f* de ordem *n* consiste numa relação R_f de ordem $n+1$ tal que, para todos os a_1, ..., a_n, *c*, *d* no campo de R_f, se $R_f(a_1, ..., a_n, c)$ – ou seja, $f(a_1, ..., a_n) = c$ – e $R_f(a_1, ..., a_n, d)$, então $c = d$.

V. Aridade; Automorfismo; Avaliação; Bijecção; Campo (de uma função/relação); Conjunto de escolha/função de escolha; Correspondência um-um; Domínio (de uma função/relação); Endomorfismo; Função computável; Função computável de Turing; Função constante; Função identidade; Função projecção; Função proposicional; Função recursiva; Função sucessor; Função de verdade; Homomorfismo; Imagem (de uma função/relação); Interpretação; Inversa (de uma função); Isomorfismo; Relação; Função sobrejectiva.

Função algorítmica – *V*. Função computável.

Função característica – Termo da teoria dos conjuntos e da matemática. A função característica de um conjunto é aquela que mapeia os membros do conjunto em 1 e todos os outros elementos em 0.

FUNÇÃO COMPUTÁVEL

$$X_A(x) = \begin{cases} 1 \text{ se } x \in A \\ 0 \text{ se } x \notin A \end{cases}$$

V. Conjunto recursivo; Conjunto recursivamente enumerável.

Função computável – Noção essencial da teoria abstracta da computação. Uma função matemática f é computável sempre que existe um algoritmo ou procedimento mecânico finitista que aceite qualquer x para o qual f é definida, e, após uma série finita de passos, apresenta o valor adequado $f(x)$ da função em x. As funções computáveis são igualmente chamadas «efectivamente computáveis», «efectivamente calculáveis» ou «algorítmicas». A partir de 1930, surgiram várias explicações matematicamente rigorosas da noção de função computável, entre as quais se destacam a função computável à Turing e a função recursiva.
V. Algoritmo; Função recursiva; Função computável à Turing.

Função computável à Turing – Termo da teoria da computabilidade. Uma função apresentando números naturais como valores de entrada e de saída é computável à Turing quando existe uma máquina de Turing que, dados os valores de entrada, calcula os seus valores de saída correctos. Mais precisamente, f é computável à Turing quando, dado um número n ao qual f atribui um valor, existe uma máquina de Turing que calcula esse valor e que, quando dado um número ao qual f não atribui qualquer valor, o cálculo não é interrompido, logo, nunca é apresentado um resultado. Alan Turing introduziu o conceito de função computada por uma máquina de Turing ao demonstrar a indecidibilidade da lógica de primeira ordem. De acordo com a tese de Church, as funções computáveis à Turing coincidem exactamente com as que o são mecanicamente, em sentido intuitivo. Demonstra-se que as funções computáveis à Turing coincidem com as funções recursivas e com as que são computáveis por máquinas registadoras.
V. Função computável; Função recursiva; Máquina de Turing; Tese de Church.

Função constante – Diz-se da função que faz corresponder a qualquer valor de entrada sempre o mesmo valor de saída: para todo o x, $f_a(x) = a$.
V. Função; Função recursiva.

FUNÇÃO RECURSIVA

Função de verdade – Termo da lógica proposicional formal. Uma função de verdade transforma (séries de) valores de verdade em valores de verdade. Na lógica clássica bivalente, uma função de verdade transforma n-tuplos de elementos do conjunto {V,F} no conjunto {V,F}. Nas lógicas polivalentes, as funções de verdade tomam os seus argumentos e valores de conjuntos maiores. Em termos gerais, se existem k valores de verdade básicos diferentes, existirão k^n n-árias funções de verdade.
V. Valor de verdade

Função efectivamente calculável – *V.* Função computável.

Função efectivamente computável – *V.* Função computável.

Função identidade – A função identidade faz corresponder cada elemento a si próprio: para cada x, $I(x) = x$.
V. Função recursiva.

Função injectiva – *V.* Função.

Função parcial – *V.* Função.

Função recursiva primitiva – *V.* Função recursiva.

Função projecção – A função projecção de ordem n, P^n_i (em que $1 \leqslant i \leqslant n$) opera sobre os n-tuplos ordenados e obtém o i^o elemento:
$$P^n_i(x_1, ..., x_n) = x_i$$
V. Função recursiva.

Função proposicional – Expressão ou entidade semântica contendo uma variável ou nome esquemático que se transforma numa proposição quando um dado nome substitui essa variável ou nome esquemático.

Função recursiva – Termo da teoria da computabilidade. Uma função sobre os números naturais é recursiva se corresponde a um dos seguintes casos:
1) a função identidade; uma função constante; a função sucessor; uma função projecção;
2) definível por composição das funções recursivas;
3) definível a partir das funções recursivas por recursão;
4) definível em termos de uma dada função recursiva ϕ como o menor número natural tal que ϕ toma o valor zero.

FUNÇÃO SOBREJECTIVA

Uma função é *recursiva primitiva* se for definível unicamente através de 1-3. Uma função primitiva recursiva tem de ser *total*, isto é, definida como dado de entrada para qualquer número natural (ou n-tuplo para o n apropriado). Também é computável a função que determina o número de passos necessários ao cálculo do valor de qualquer dado de entrada. Uma função recursiva não tem de ser total porque a função recursiva em termos da qual é definida no ponto 4, pode nunca tomar o valor zero. Não é em geral decidível se uma dada função recursiva é total; e mesmo que o seja, não é imprescindível que exista um limite computável do número de passos requeridos no cálculo do seu valor. Pode demonstrar--se que as funções recursivas coincidem com as funções computáveis à Turing e com as que o são por máquinas registadoras. A tese de Church é que este tipo de funções coincidem com aquelas que são computáveis algoritmicamente.
V. Função computável; Função computável à Turing; Teorema da recursão;

Função sobrejectiva – Noção da teoria dos conjuntos e da matemática em geral. Diz-se que uma função $f : A \to B$ é uma sobrejecção para B quando qualquer elemento de B corresponde ao valor de f para determinado elemento de A: para todo o b pertencente a B, $b = f(a)$, para algum elemento a pertencente a A.

Função sucessor – A função do sucessor faz corresponder qualquer elemento ao seu sucessor; para todo o x, $S(x) = x'$.
V. Função recursiva.

Função total – *V*. Função.

Fundação, axioma da – *V*. Axioma de fundação.

G

Generalização existencial – Regra que governa a lógica do quantificador existencial. Permite concluir que existe algo que detém a propriedade P a partir de uma premissa que postula que determinado objecto é portador dessa mesma propriedade.

Generalização universal – Regra que governa a lógica do quantificador universal. Permite concluir que tudo possui a propriedade P partindo da premissa de que um objecto o escolhido arbitrariamente contém P. Por «escolhido arbitrariamente» entende-se que não se dispõe de informação que permita distinguir o de qualquer outro objecto; este será assim um objecto genérico.

Gödel, teoremas de – *V*. Teoremas de Gödel.

Grau (de uma relação) – *V*. Aridade.

Grelling, paradoxo de – *V*. Paradoxo de Grelling.

Grelling-Nelson, paradoxo de – *V*. Paradoxo de Grelling.

H

Hauptsatz – *V*. Teoremas da eliminação do corte.

Henkin, frase de – *V*. Frase de Henkin.

Henkin, problema de – *V*. Problema de Henkin.

Herbrand, teorema de – *V*. Teorema de Herbrand.

Heterologicalidade, paradoxo da – *V*. Paradoxo da heterologicalidade; Paradoxo de Grelling.

Hipótese do contínuo – Problema da teoria dos conjuntos primeiramente levantado por Cantor, em 1878. A classe dos números naturais 0, 1, 2, ... é a classe infinita mais pequena, cuja grandeza se representa por $\aleph_0$. O contínuo (a classe dos números reais) é isomórfico relativamente ao conjunto-potência dos números naturais. Logo, pelo teorema de Cantor, o contínuo é maior do que a classe dos números naturais. O *problema* do contínuo é o de determinar se o contínuo é a maior grandeza (cardinalidade) de classe infinita imediatamente seguinte à dos números naturais, ou se existem infinitas classes de grandeza intermédia. Cantor conjecturou que não. A esta conjectura dá-se o nome de hipótese do contínuo (simbolicamente, $\aleph_1 = 2^{\aleph_0}$). A hipótese do contínuo *generalizada* é a perspectiva que defende que esta mesma estrutura é válida para a totalidade das séries crescentes de classes de grandeza infinita: para qualquer grandeza de classe infinita $\aleph_\alpha$, obtém-se o cardinal de grandeza seguinte, $\aleph_{\alpha+1}$, formando o conjunto-potência de um conjunto

HOMOMORFISMO

de cardinalidade $\aleph_\alpha$. David Hilbert, na sua famosa palestra de 1900, integrou a elaboração de uma demonstração da hipótese do contínuo na sua lista dos problemas matemáticos mais notáveis. Em 1938, Gödel demonstrou que a hipótese do contínuo generalizada é consistente com os axiomas da teoria dos conjuntos. Mais tarde, em 1963, Paul Cohen demonstrou a sua independência relativamente àqueles axiomas.
V. Alefes; Betes; Teorema de Cantor.

Hipótese do contínuo generalizada – *V.* Hipótese do contínuo.

Hipotético, silogismo – *V.* Silogismo hipotético.

Homomorfismo – Termo da álgebra e da teoria dos modelos. Em matemática, homomorfismo é 1) uma função do domínio ou universo da estrutura *A* para o domínio da estrutura *B* do mesmo tipo ou assinatura, que 2) preserva particularidades estruturais relevantes para a assinatura. Mais concretamente, um homomorfismo faz uma correspondência entre os diferentes elementos, relações e operações de *A* e os elementos, relações e operações de *B*. Em lógica formal, homomorfismo é uma função que preserva a estrutura entre modelos semelhantes.
V. Endomorfismo; Isomorfismo.

I

Identidade dos indiscerníveis – Princípio enunciado por Leibniz (*Discurso de Metafísica*, §9), que determina que duas substâncias não podem ser exactamente iguais em todos os seus aspectos qualitativos e diferirem apenas numericamente. Enunciado ao contrário e em termos mais recentes, diz que para qualquer propriedade P, e para todos os indivíduos x e y, se x tem P se, e só se, y tem P, então x é idêntico a y. *V*. Indiscernibilidade de idênticos.

Identidade, função – *V*. Função identidade.

Identidade, lei da – *V*. Lei da identidade.

Ignoratio elenchi – Expressão da lógica tradicional. Refere-se a um tipo de falácia na qual quem argumenta afirma ter demonstrado algo mas, na melhor das hipóteses, demonstrou outra coisa diferente.

Ilícito, falácia do processo – *V*. Falácia do processo ilícito.

Imagem (de uma função) – *V*. Função.

Imagem (de uma função/relação) – Termo da teoria dos conjuntos e da matemática, também chamado «co-domínio», «contradomínio», «domínio converso» ou «campo direito». Numa relação R n-ária, trata-se da colecção de elementos a_n para a qual existe um $n-1$-tuplo $\langle a_1,$ ...., $an_{-1}\rangle$ tal que $Ra_1....a_{n-1}a_n$. Considerando a função $f : A \rightarrow B$, o termo «imagem» aplica-se a B e também ao conjunto $\{f(x): x \in A\}$ dos resultados de f, que é um subconjunto de B.

Implicação estrita – *V*. Paradoxos da implicação estrita e da implicação material.

Implicação existencial – Pressuposto aristotélico de que todo o termo silogístico se aplica a algo. Naturalmente que Aristóteles não acreditava que a ciência pudesse afirmar com alguma utilidade que «todos os centauros são quadrúpedes» ou «não existem hiperborianos». A sua lógica não admitia, por conseguinte, termos «vazios». A implicação existencial está intimamente relacionada com as modernas constatações de que, ao afirmar «todos os S são P», se pressupõe que existem S. Este pressuposto é mais forte do que o que hoje em dia mais se utiliza, que exclui os nomes vazios, porque os termos silogísticos são como predicados modernos. Não será difícil alterar a silogística de forma a admitir termos vazios, à semelhança do que Schröder fez, pela primeira vez, em 1891 (de facto Leibniz já o tinha feito, no entanto pensou que tinha cometido um erro). No sistema resultante, as inferências imediatas de subalternidade e conversão *per accidens*, assim como os silogismos subalternos e os modos que envolvem conversão *per accidens* (representadas por mnemónicas que incluem a letra «p») são inválidos.

Implicação lógica – Termo básico da lógica. Diz-se que um conjunto de proposições A implica logicamente uma proposição p, apenas quando é impossível que todos os elementos de A sejam verdadeiros e p seja falso.

Implicação material – *V*. Paradoxos da implicação estrita e da implicação material.

Indemonstráveis – As cinco regras fundamentais da lógica proposicional estóica, chamadas indemonstráveis por dispensarem demonstração.

Independência – Noção básica da lógica e da axiomática. Diz-se que uma proposição p é independente de um conjunto de proposições A se não se deduz logicamente p de A. Pode então afirmar-se que um conjunto de frases A é independente (ou que os seus elementos são mutuamente independentes) se nenhum dos seus membros se deduz logicamente dos restantes. Neste sentido, os modernos pensadores fundacionistas

consid
consideram, normalmente, a independência uma virtude dos sistemas axiomáticos. Numa outra acepção, diz-se que uma proposição p é independente de um conjunto de proposições A somente se nem p nem $\neg p$ forem logicamente dedutíveis de A.

Indiscernibilidade de idênticos – Converso do princípio da identidade dos indiscerníveis de Leibniz, formulado em alguns textos famosos da lógica moderna como *Begriffsschrift*, de Frege (1879). Estipula que para todos os indivíduos x e y, e para todas as propriedades P, se x e y forem idênticos, então x tem P se, e só se, y tiver P. É possível representar-se simbolicamente uma versão de primeira ordem, não quantificando sobre propriedades, do seguinte modo:

$$\forall x \forall y \, (x = y \rightarrow (Px \leftrightarrow Py)).$$

Indução matemática – Princípio fundamental ou forma de raciocínio matemático aplicável aos números naturais, cujas variantes se aplicam a outras colecções bem ordenadas ou definidas recursivamente. No âmbito dos números naturais, a indução permite-nos concluir que qualquer número tem uma propriedade P a partir da premissa de que 0 possui P, e que, sempre que um número tem P, o seu sucessor também a terá. Uma variante, conhecida como «indução completa» ou «ordem de valores», ou ainda indução *forte*, permite-nos concluir que qualquer número tem a propriedade P a partir da premissa de que tal se verifica quando os seus antecessores a têm igualmente.
V. Esquema axiomático; Indução transfinita; Postulados de Peano.

Indução transfinita – Conceito da teoria dos conjuntos. Generalização da indução matemática finita normal, a indução transfinita consiste num princípio de demonstração indutiva aplicada a um número ordinal ou a um conjunto bem ordenado, que, por sua vez, é maior do que o conjunto dos números naturais. Num conjunto bem ordenado A, a indução transfinita prova que todos os elementos de A apresentam uma propriedade P, por via da demonstração de que, sempre que todos os antecessores sequenciais de um elemento x em A têm P, x também a terá.
V. Indução matemática.

Inferência – Noção básica da lógica. Refere-se a um argumento, a dado passo num argumento ou ao processo de passagem da crença (ou asserção) nas premissas de um argumento para a crença (ou asserção) nas suas conclusões. Neste sentido, o processo de inferência pressupõe a crença nas premissas e a crença de que as premissas sustentam a conclusão.

V. Adjunção; Ampliação; Contracção; Contraposição; Conversão *per accidens*; Conversão simples; Derivação; Diluição; *Ex falso quodlibet*; Generalização existencial; Generalização universal; Instanciação existencial; Instanciação universal; Inferência imediata; Leis do pensamento; *Modus ponens*; *Modus tollens*; Obversão; *Reductio ad absurdum*; Subalternização; Validade.

Inferência imediata – Trata-se de um argumento válido com uma única premissa, em especial na lógica aristotélica. Aristóteles deu especial ênfase ao silogismo, ou seja aos argumentos compostos por duas premissas de proposições categóricas. Mas ao reduzir silogismos imperfeitos à primeira figura (perfeita), empregou também alguns modos de inferência imediata: conversão (simples), conversão *per accidens* e *reductio ad absurdum*. Noutros casos, reconheceu ainda a obversão, contraposição e subalternização.

Infimum – *V*. Limite de um conjunto.

Infinito – Conceito matemático. Um conjunto é infinito quando não é finito, ou seja, quando estabelece uma correspondência um-um com um conjunto ilimitado de números naturais. Nas teorias de conjuntos que incluem o axioma da escolha, tal equivale a tomar como infinito todo o conjunto que apresenta um subconjunto em correspondência um-um com a totalidade do conjunto dos números naturais. Dedekind definiu conjunto infinito como aquele que estabelece uma correspondência um--um com um subconjunto de si mesmo.
V. Finito.

Infinito, axioma do – *V*. Axioma do infinito.

Injecção – *V*. Correspondência um-um.

Instanciação existencial – Regra que governa a lógica do quantificador existencial. Permite concluir uma proposição do tipo «*o* possui *P*», na qual «*o*» designa um objecto, partindo da premissa «existe, pelo menos,

INSTANCIAÇÃO UNIVERSAL

uma coisa que tem *P*». O recurso a este tipo de inferência numa dada demonstração inviabiliza que se escolha «*o*» para designar qualquer objecto acerca do qual se detém informação adicional. Assim, a inferência consiste apenas em atribuir um simples nome, ou seja, um rótulo, sem qualquer informação descritiva, àquilo que se diz existir.

Instanciação universal – Regra que governa a lógica do quantificador universal. Permite concluir acerca de qualquer objecto *o* que ele tem a propriedade *P* a partir da premissa de que tudo tem *P*.

Intensão – Termo da lógica e da linguística. O termo contemporâneo «intensão» deriva do termo «compreensão» da lógica tradicional. Segundo Arnauld e Nicole (*Lógica de Port-Royal*, 1662), a *compreensão* de uma ideia ou termo geral é o conjunto de todos os atributos ou propriedades que o termo implica. Numa acepção semântica, este conceito revela-se perpetuamente útil, por exemplo, na definição kantiana de analiticidade e no tratamento de Montague das expressões substantivas universais («todos os homens»). Durante o séc. XIX, o termo «intensão» suplantou o termo «compreensão» como correspondente não-extensional de «extensão».
V. Conotação; Extensão; *Lekton*.

Interpretação – Designação da lógica matemática e da linguística. Os lógicos usam o termo «interpretação» em várias acepções distintas. Em semântica, uma interpretação de uma linguagem formal é uma função (ou outro diapositivo matemático) capaz de fornecer significados ou denotações a todas as expressões gramaticalmente correctas da linguagem. Na lógica proposicional formal, uma interpretação semântica consiste numa atribuição de valores de verdade a fórmulas atómicas; essa atribuição é extensível recursivamente a todas as fórmulas de acordo com as tabelas de verdade dos conectores. Em lógica quantificada, as interpretações são, neste sentido, funções que conferem denotações a cada um dos símbolos não-lógicos da linguagem. Alternativamente, o termo «interpretação» refere-se por vezes a atribuições de condições de verdade a todas as fórmulas de uma linguagem de quantificadores. É também usado por vezes num sentido sintáctico para descrever mapeamentos de uma linguagem formal

ISOMORFISMO

(ou de uma teoria formal) numa outra, que mantém algumas das suas características fundamentais.
V. Satisfação; Avaliação.

Intersecção (de conjuntos) – Operação da teoria dos conjuntos ou de classes. Sejam A e B dois conjuntos; a sua intersecção $A \cap B$ é o conjunto que apenas contém os elementos comuns a A e B.

Inversa (de uma função) – Termo da teoria dos conjuntos e da Matemática. A inversa de uma função um-um $f : A \to B$ é a função $f^{-1} : B \to A$, que se obtém por «reversão» de f. Assim, para cada a em A e cada b em B, se $f(a) = b$, então $f^{-1}(b) = a$. O domínio de f^{-1} é o contradomínio de f e o seu contradomínio é a classe de elementos do domínio de f para os quais f tem um valor. Caso a função não seja um-um (biunívoca), a sua inversa não pode ser definida.

Inversa (de uma relação) – *V*. Oposto de uma relação.

Isomorfismo – Termo da teoria dos conjuntos, da teoria dos modelos e da matemática em geral. Um isomorfismo entre duas estruturas A e B do mesmo tipo ou assinatura é uma bijecção $f : A \to B$ do domínio (ou universo) de A para o domínio de B, que preserva a estrutura. Se $R_A xy$ para elementos x, y de A, então $R_B f(x)f(y)$, onde R_B é a relação em B que corresponde à relação R_A em A. E, se $g_A : A \to A$ e $g_B : B \to B$ forem funções correspondentes definidas sobre A e B, respectivamente, então $f(g_A(a)) = g_B(f(a))$ para todo o a em A. Em lógica formal, um isomorfismo é uma correspondência idêntica entre modelos similares. Exemplo: a função «multiplicação por 2» é um isomorfismo entre a estrutura dos números naturais $\{0, 1, 2, \dots\}$ juntamente com a operação da adição, e o conjunto $\{0, 2, 4, \dots\}$ com a mesma operação. Esta função é *um-um*, porque todo o número do conjunto $\{0, 2, 4, \dots\}$ corresponde a um único número natural (encontrado mediante a divisão por 2). O isomorfismo é injectivo, porque qualquer número do conjunto $\{0, 2, 4, \dots\}$ consiste na imagem de um dado número natural. E preserva a estrutura porque mapeia o elemento zero dos números naturais no elemento zero do conjunto $\{0, 2, 4, \dots\}$ e, para todos os números naturais n, m, $2(n + m) = 2n + 2m$.
V. Automorfismo; Homomorfismo.

J

Junção – Termo da teoria dos conjuntos e da matemática em geral, que determina que a junção de uma família de conjuntos é a sua união. Em geometria, a junção de dois pontos é uma linha.
V. União (de conjuntos).

K

Kleene, teorema da segunda recursão de – *V*. Teorema da recursão.

König, lema de – *V*. Lema de König.

L

Lei da comparabilidade – *V*. Lei da tricotomia.

Lei da contradição – É também chamada lei da não-contradição. Trata-se de uma designação que se aplica a diferentes princípios lógicos, semânticos e metafísicos, dentre os quais se salienta 1) um princípio da semântica proposicional e 2) uma tradicional «lei do pensamento» enunciada por Platão na *República* e reconhecida por Aristóteles. No caso 1, a lei da contradição determina que nenhuma afirmação pode ser simultaneamente verdadeira e falsa. A formulação de Platão (o caso 2), estabelece que o mesmo objecto não pode ter propriedades opostas na mesma parte de si, ao mesmo tempo e em relação ao mesmo aspecto.

Lei da identidade – Nome dado a diferentes afirmações lógicas, semânticas e metafísicas, das quais se destacam 1) uma lei da lógica proposicional, 2) um princípio básico da lógica da identidade, e 3) uma tradicional «lei do pensamento». O princípio da lógica proposicional conhecido como lei da identidade determina que «se p, então p» é logicamente verdadeira. Na teoria da identidade, a afirmação de que «a é igual a a» é sempre verdadeira, e de que todas as coisas são auto-idênticas, são consideradas leis de identidade. No âmbito das chamadas leis do pensamento, a «lei da identidade» refere-se ao princípio metafísico de que tudo é o que é, e não algo diferente.
V. Leis do pensamento.

LEI DO TERCEIRO EXCLUÍDO

Lei do terceiro excluído – Também chamado «*tertium non datur*», diz respeito a várias leis da lógica, da semântica, e da metafísica, dentre as quais, 1) uma famosa lei do raciocínio proposicional e 2) uma tradicional «lei do pensamento» enunciada por Aristóteles na *Metafísica*. No caso 1, a lei do terceiro excluído estipula que, para qualquer frase F, a afirmação «F ou não-F» é logicamente verdadeira (assim entendida, não se deve confundir esta lei com o princípio semântico da bivalência). Aristóteles apresenta uma variante da lei do terceiro excluído que nega a existência de algo intermédio entre as duas metades de uma contradição.
V. Bivalência; Leis do pensamento.

Lei da tricotomia – Também conhecida como lei da comparabilidade. Em sentido global, trata-se de uma divisão de entidades em três conjuntos disjuntos dois a dois (não coincidentes) e exaustivos. No âmbito da teoria dos números reais, por exemplo, a lei da tricotomia consiste em afirmar que, para qualquer número r e s, r é menor que s ou s é menor que r, ou, ainda, r é igual a s. Apesar de em matemática clássica se considerar uma propriedade fundamental dos números reais, os construtivistas e intuicionistas brouwerianos rejeitam esta lei. Na teoria dos conjuntos, a lei da tricotomia atribui aos conjuntos uma propriedade de comparabilidade semelhante, no que se refere à sua cardinalidade: para qualquer conjunto A e B, A tem cardinalidade menor que B, ou B menor que A ou A e B têm a mesma cardinalidade.

Leis do pensamento – Termo da lógica tradicional referente a uma família de princípios tomados como leis, segundo as quais as inferências válidas permanecem válidas, independentemente do assunto a que dizem respeito. Os três princípios que vulgarmente se incluem nesta família são: a *lei da identidade* (no sentido em que todas as coisas são idênticas a si próprias, ou no sentido em que qualquer proposição se implica a si própria); a *lei da contradição* (que afirma que nada pode, simultaneamente, ter e não ter um certo atributo ou então que nenhuma proposição é, ao mesmo tempo, verdadeira e falsa); a *lei do terceiro excluído* (que todas as coisas têm ou não uma dada propriedade, ou então que qualquer proposição é verdadeira ou falsa).
V. Lei da contradição; Lei da identidade; Lei do terceiro excluído.

Lekton – Termo estóico que designa o significado de um símbolo, por oposição ao objecto físico a que diz respeito. Na moderna terminologia, refere-se ao sentido ou *intensão* do símbolo. As *lekta* podem ser (proposições) *completas* ou *deficientes* (qualidades expressas por sujeito e predicado). As *lekta* completas são os portadores de verdade e falsidade. Foram ainda tomadas não como corpos, mas como coisas reais não-físicas expressas por um símbolo, e por nós apreendidas quando pensamos.
V. Intensão.

Lema de König – Designação utilizada por dois resultados fundamentais distintos na teoria dos conjuntos, demonstrados por dois matemáticos diferentes. O «lema de König», apresentado por Julius König em 1905, aplicava-se a potências de números cardinais. A sua actual formulação implica que a cardinalidade do conjunto dos números reais não pode corresponder ao primeiro alefe limite. O segundo resultado, também conhecido como o «lema do infinito de König», foi demonstrado por Denes König em 1927 e é vulgarmente exposto como um princípio para ordenações em árvore: uma árvore com ramificações finitas e com uma infinidade de nós tem de conter pelo menos um ramo de extensão infinita. Gödel empregou este último lema na sua demonstração da completude da lógica de primeira ordem. Na teoria clássica dos conjuntos, o lema do infinito implica a compacidade topológica do espaço de Cantor e a propriedade da compacidade da lógica proposicional clássica.
V. Alefes; Hipótese do contínuo.

Lema de Zorn – Princípio da maximalidade notável da teoria dos conjuntos introduzido em 1909 por Hausdorff, e redescoberto por Zorn, em 1933. O lema de Zorn afirma que um conjunto não vazio, parcialmente ordenado, tem um elemento maximal desde que cada subcolecção completamente ordenada dos seus membros tenha majorante. É possível demonstrar que o lema de Zorn é equivalente ao axioma da escolha na teoria canónica dos conjuntos, e revela-se extremamente útil em muitos contextos formais, entre eles as demonstrações da completude.
V. Axioma da escolha; Ordenação.

Ligada, ocorrência de uma variável – *V*. Variável.

LIMITAÇÃO DE GRANDEZA

Limitação de grandeza – *V.* Teoria dos conjuntos de von Neumann-
-Bernays-Gödel.

Limite de um conjunto – Termo da teoria dos conjuntos e da matemática. Refere-se a uma propriedade de conjuntos ordenados. Um elemento a é um majorante do conjunto A se a for maior ou igual que qualquer
outro elemento de A; a é um *supremo* de A se a for um majorante de
A menor ou igual a todos os seus majorantes. Mais formalmente, se o
conjunto A estiver ordenado pela relação R, então a será um majorante
de A se Rxa para todo o x em A; e a é um supremo se, adicionalmente,
Ray para todos os majorantes y de A. Os conceitos de minorante e mínimo definem-se analogamente.

Linguagem formal – Conceito básico da metalógica. Uma linguagem
formal é constituída por um léxico finito de símbolos e respectivas regras de formação, que determinam que sequências de símbolos estão
gramaticalmente bem formadas (em particular, que sequências são
frases). A exigência crucial é que seja efectivamente decidível quando
uma sequência de símbolos é de facto bem formada ou não.

Löb, teorema de – *V.* Teorema de Löb.

Lógica de functor de predicados – Um functor de predicados, segundo Quine, é uma expressão que, quando aplicada a um ou mais
predicados, forma outro predicado. Tais functores são também desig-
nados modificadores de predicados ou, mais vulgarmente, advérbios.
Em termos semânticos, um functor de predicados de lugar n mapeia n
relações numa relação. À semelhança da lógica combinatória, a lógica
de functor de predicados dispensa variáveis ligadas. O cálculo de predicados de primeira ordem com identidade pode basear-se inteiramente
em functores de predicados.

Lógica de predicados – Ramo da lógica que lida com os aspectos lógicos de expressões contendo quantificadores e variáveis quantificáveis.
A mais importante (e mais básica) de tais classes de expressões são as
que contêm variáveis de primeira ordem capazes de serem ligadas tanto
por um quantificador *universal* como por um quantificador *existencial*.
À lógica dessas expressões chama-se, normalmente, *lógica de predica-*

LÓGICAS POLIVALENTES

dos de primeira ordem. As lógicas de predicados de ordem superior desenvolvem a lógica de expressões que contêm variáveis quantificáveis de ordem superior.

Lógica proposicional – Ramo da lógica que trata dos aspectos lógicos dos operadores proposicionais. Classicamente, a lógica das linguagens cujas expressões lógicas se compõem de operadores proposicionais verofuncionais sobre os dois valores de verdade clássicos, «verdadeiro» e «falso».

Lógica, implicação – *V*. Implicação lógica.

Lógicas polivalentes – Lógicas proposicionais que se ocupam da lógica de operadores proposicionais verofuncionais que admitem mais do que os dois valores clássicos, «verdadeiro» e «falso».

M

Mahlo, cardinal de – *V*. Cardinal de Mahlo; Cardinal grande.

Maior ordinal, paradoxo do – *V*. Paradoxo de Burali-Forti.

Majorante – *V*. Limite de um conjunto.

Máquina de Turing – Noção fundamental da teoria da computabilidade. Concebida por Turing enquanto caracterização do conceito de função computável ou cálculo mecânico, uma máquina de Turing consiste num autómato abstracto ou mecanismo idealizado de computação que se compõe de um programa (um conjunto finito de instruções simples) destinado a funcionar num gravador unidimensional fazendo uso de um dispositivo de leitura e escrita, com uma capacidade de memória restrita. Diz-se que uma função numérica f é calculada por uma máquina de Turing, ou computável à Turing, quando existe um programa que, uma vez criado, regista no respectivo suporte o comportamento de entrada e saída de dados de f. É possível demonstrar que a computabilidade à Turing é equivalente à computabilidade de registo e a uma função recursiva.
V. Função computável; Função computável à Turing; Função recursiva; Máquina registadora; Teorema da recursão.

Máquina registadora – Conceito da teoria da computabilidade. Trata-se de um tipo de autómato ou mecanismo de computação idealizado muito próximo da noção de ábaco, que caracteriza funções computáveis. Consiste numa série infinita de localizações de memória ou registos abstractos e num conjunto finito de instruções simples, que se destinam à manipulação gradual da informação armazenada nesses registos. Uma função numérica é computável por registo apenas quando existe um programa que calcula correctamente os resultados a partir dos dados introduzidos, com recurso ao conjunto de registos. É possível demonstrar-se que uma função é computável por registo precisamente quando é computável à Turing ou, dito de outro modo, quando é recursiva.

V. Função computável; Função computável à Turing; Função recursiva.

Máquina universal de Turing – O «teorema da máquina universal» é um resultado importante da teoria da computabilidade, demonstrado pela primeira vez por Alan Turing. Determina que, no caso das máquinas de Turing, existem máquinas destas especiais e «universais», que, dada uma representação numérica de um programa mecânico arbitrário P, e valores de entrada adequados n para P, simulam o comportamento de P em n e calculam o resultado que P teria calculado quando lhe fosse introduzido n. Pode dizer-se que uma máquina universal de Turing é uma versão abstracta de um programa informático contemporâneo. Demonstram-se teoremas idênticos de máquinas universais para caracterizações teóricas de máquinas alternativas das funções recursivas (máquinas registadoras, por exemplo).

V. Máquina registadora; Máquina de Turing.

Máquina universal, teorema da – *V*. Máquina universal de Turing.

Markov, princípio de – *V*. Princípio de Markov.

Material, condicional – *V*. Condicional, material.

Material, implicação – *V*. Paradoxos da implicação estrita e da implicação material.

Máximo – *V*. Limite de um conjunto.

Mentiroso, paradoxo do – *V*. Paradoxo do mentiroso.

Mínimo – *V*. Limite de um conjunto.

Minorante – *V*. Limite de um conjunto.

Mnemónicas silogísticas

Mnemónicas silogísticas – São os nomes mnemónicos dos modos silogísticos (formas válidas de şilogismos), estabelecidos no início do século XIII. Pedro Hispano apresentou uma das primeiras listas mais completas (*Summulae logicales* 4.17). Os nomes codificam o modo de reduzir os silogismos à primeira figura, seguindo assim Aristóteles. As letras-chave da mnemónica são a consoante inicial, as primeiras três vogais e «s», «p», «m» e «c». Os silogismos cujos nomes começam por «B» reduzem-se a Barbara; por «C», a Celarent; por «D» a Darii e por «F» a Ferio. As vogais «a», «e», «i» e «o» indicam as quatro formas das proposições categóricas. A consoante «s», após uma vogal, indica uma conversão *simples* da correspondente proposição da primeira figura; «p» indica uma conversão *per accidens*, que pressupõe uma implicação existencial; «m» indica *mutatio praemissarum*, ou seja, interpermutação das premissas e «c» indica uma demonstração indirecta, *per contradictionem*. A subalternização, modo de inferência imediata reconhecido por Aristóteles, que também pressupõe a implicação existencial, não é indicada, pois os denominados modos subalternos só foram codificados mais tarde. Exemplo: para reduzir um silogismo da segunda figura no modo Camestrop ao modo Celarent da primeira figura dever-se-á permutar as premissas (m), fazer a conversão simples (s) da premissa *E*, e converter a conclusão *E per accidens* (p) na conclusão desejada, *O*.
V. Conversão *per accidens*; Conversão simples; Modo (de um silogismo categórico); Implicação existencial; Figura (de um silogismo categórico); Proposição categórica.

Modal, silogismo – *V.* Silogismo modal.

Modelo – *V.* Estrutura.

Modelo não canónico – Termo da metalógica. Um modelo para uma teoria é não canónico quando não é isomórfico relativamente ao modelo pretendido. Exemplos: a aritmética de primeira ordem tem modelos não canónicos, mas tal não sucede na aritmética de segunda ordem.

Modo (de um silogismo categórico) – Termo da lógica tradicional. Os modos são as diferentes formas silogísticas válidas de uma determinada figura, que resultam da variação da quantidade (universal ou particular) e qualidade (afirmativa ou negativa) das premissas e da conclusão.

MODO (DE UM SILOGISMO CATEGÓRICO)

Considere-se, por exemplo, a figura «*A* é *B*, *C* é *A* ∴ *C* é *B*» (onde *B* representa o termo maior, *C* o menor e *A* é o termo médio). Assim, esta figura apresenta os seguintes modos:
1) «todo o *A* é *B*, todo o *C* é *A* ∴ todo o *C* é *B*»,
2) «nenhum *A* é *B*, todo o *C* é *A* ∴ nenhum *C* é *B*»,
3) «todo o *A* é *B*, algum *C* é *A* ∴ algum *C* é *B*», e
4) «nenhum *A* é *B*, algum *C* é *A* ∴ algum *C* é não-*B*».

Assim, na primeira figura, 1) é o modo *AAA* (Barbara); 2) o modo *EAE* (Celarent); 3) o modo *AII* (Darii) e 4) o modo *EIO* (Ferio). Os modos que seguidamente se apresentam são identificados por mnemónicas. A numeração romana representa as figuras; as vogais «*a*», «*e*», «*i*» e «*o*» representam as cópulas quantificadas das quatro formas categóricas da proposição; a premissa maior é apresentada em primeiro lugar:

Bamana IV. *SaM, MaP* ∴ *SaP* (Barbara com premissas permutadas, reconhecida por Pedro de Mântua ,1483, e por Peter Tartaret, 1503, como um modo distinto).

Baralipton I. *MaS, PaM* ∴ *SiP* (Bramantip com premissas permutadas; um dos novos silogismos da «primeira figura» atribuídos a Teofrasto).

Barbara I. *MaP, SaM* ∴ *SaP.*

Barbari I. *MaP, SaM* ∴ *SiP* (modo subalterno).

Baroco II. *PaM, SoM* ∴ *SoP.*

Bocardo III. *MoP, MaS* ∴ *SoP.*

Bramantip (Bamalip) IV. *PaM, MaS* ∴ *SiP.*

Camene IV. *SaM, MeP* ∴ *SeP* (Celarent com premissas permutadas, reconhecido como um modo distinto por Pedro de Mântua e Peter Tartaret).

Camenes (Calemes) IV. *PaM, MeS* ∴ *SeP.*

Camenop (Calemop, Calemos) IV. *PaM, MeS* ∴ *SoP* (modo subalterno, apesar de a sua redução não requerer subalternação).

Camestres II. *PaP, SeM* ∴ *SeP.*

Modo (de um silogismo categórico)

Camestrop (Camestros) II. *PaM, SeM* ∴ *SoP* (modo subalterno, embora a sua redução não necessite de subalternação).

Celantes I. *MeS, PaM* ∴ *SeP* (Camenes com premissas permutadas; um dos novos silogismos de «primeira figura» atribuídos a Teofrasto).

Celantos (mais exactamente «Celantop») I. *MeS, PaM* ∴ *SoP* (mnemónica dada por Pedro de Mântua em 1483 ao modo silogístico Camenop com premissas permutadas. Deveria, de facto, chamar-se «Celantop». É do género dos novos silogismos de «primeira figura» descobertos por Teofrasto, mas não identificado por ele, provavelmente por ser um modo subalterno).

Celarent I. *MeP, SaM* ∴ *SeP*.

Celaront (Celaro) I. *MeP, SaM* ∴ *SoP* (modo subalterno).

Cesare II. *PeM, SaM* ∴ *SeP*.

Cesaro II. *PeM, SaM* ∴ *SoP* (modo subalterno).

Dabitis I. *MaS, PiM* ∴ *SiP* (Dimaris, com premissas permutadas; um dos novos silogismos de «primeira figura» atribuídos a Teofrasto).

Darapti III. *MaP, MaS* ∴ *SiP* (trata-se de um modo curioso, porque permite demonstrar a implicação existencial – alguns *A* são *A* – de um termo arbitrário *A*, a partir da verdade lógica de que todos os *A* são *A*, mas que, no entanto, não é mencionado por Aristóteles).

Daraptis. *MaS, MaP* ∴ *SiP* (Darapti com premissas permutadas; reconhecido como modo independente por Galeno, em 170 d.C. aproximadamente. Darapti está para a terceira figura como os modos de Teofrasto estão para a quarta).

Darii I. *MaP, SiM* ∴ *SiP*.

Datisi III. *MaP, MiS* ∴ *SiP*.

Dimari IV. *SiM, MaP* ∴ *SiP* (Darii com premissas permutadas, reconhecido como um modo independente por Pedro de Mântua e Peter Tartaret).

Dimaris (Dimatis) IV. *PiM, MaS* ∴ *SiP*.

Disamis III. *MiP, MaS* ∴ *SiP.*

Fapesmo I. *MaS, PeM* ∴ *SoP* (Fesapo, com premissas permutadas; um dos novos silogismos de «primeira figura» atribuídos a Teofrasto).

Felapton (Felapto) III. *MeP, MaS* ∴ *SiP.*

Ferio I. *MeP, SiM* ∴ *SoP.*

Ferison III. *MeP, MiS* ∴ *SiP.*

Fesapo IV. *PeM, MaS* ∴ *SoP.*

Festino II. *PeM, SiM* ∴ *SoP.*

Fimeno IV. *SiM, MeP* ∴ *SoP* (Ferio com premissas permutadas, reconhecido como modo distinto por Pedro de Mântua e Peter Tartaret).

Fresison IV. *PeM, MiS* ∴ *SoP.*

Frisesomorum I. *MiS,PeM* ∴ *SoP* (Fresison, com premissas permutadas; um dos novos silogismos de «primeira figura» atribuídos a Teofrasto).
V. Figura (de um silogismo categórico); Mnemónicas silogísticas; Proposição categórica; Silogismo perfeito; Subalternização.

Modus ponendo tollens – Designação da lógica tradicional. É o modo ou forma do silogismo disjuntivo em que uma das premissas é uma disjunção exclusiva, a outra uma das suas disjuntas e a conclusão é a negação da disjunta remanescente. Assim, corresponde ou à forma «*P* ou (excl.) *Q.P.* Logo, não-*Q*» ou a «*P* ou (excl.) *Q. Q.* Logo, não-*P*».

Modus ponens – Expressão da lógica tradicional e da lógica moderna (*modus ponendo ponens* é a designação completa). Tradicionalmente, *modus ponens* é uma das formas ou modos do silogismo hipotético misto, nomeadamente aquele em que a premissa menor é a antecedente da premissa maior e a conclusão é a sua consequente. Por outras palavras, é a seguinte forma argumentativa: «se *p*, então *q. p* ∴ *q*». Também é usado para denominar a regra de inferência que permite inferir «*q*» das duas proposições «se *p*, então *q*» e «*p*».

Modus tollendo ponens – Designação usada em lógica tradicional. Trata-se do modo ou forma do silogismo disjuntivo na qual uma das

Modus tollens

premissas é uma disjunção exclusiva, a outra a negação de uma das suas disjuntas e a conclusão é a disjunta remanescente. Assim, é da forma «*P* ou (excl.) *Q*. não-*P*. Logo, *Q*» ou da forma «*P* ou (excl.) *Q*. não-*Q*. Logo, *P*».

Modus tollens – Noção da lógica tradicional cuja designação completa é *modus tollendo tollens*. *Modus tollens* é a forma ou modo do silogismo hipotético misto, no qual a premissa menor é a negação da consequente da premissa maior e a conclusão a negação da sua antecedente. Por outras palavras, é a seguinte forma argumentativa: «se *p*, então *q*. não-*q* ∴ não-*p*». É igualmente empregue para designar a regra de inferência que permite inferir «não-*p*» das duas proposições «se *p*, então *q*» e «não-*q*».

Monte, paradoxo do – *V*. Paradoxo do Monte.

N

Não-contradição, Lei da – *V*. Lei da contradição.

Negação – Noção da lógica proposicional. Designa o operador utilizado na negação da verdade de proposições ou uma proposição composta resultante da aplicação de tal operador a uma proposição. A negação de uma frase tem o valor de verdade oposto ao da frase de partida. Em português, a negação exprime-se com expressões do tipo «Não é o caso que ...».
V. Negação alternada; Negação da antecedente, falácia da; Negação conjunta.

Negação alternada – Termo da lógica. Refere-se a uma operação lógica aplicada a proposições, do tipo do operador português «Não é o caso que ___ e ___». Em sistemas simbólicos, este operador representa-se por | (traço de Sheffer). Os compostos formados a partir destes operadores são verdadeiros apenas quando ambos os componentes não forem simultaneamente verdadeiros, ou seja, apenas quando pelo menos um dos elementos for falso. A negação alternada é um dos dois operadores proposicionais que é, por si só, um conjunto completo de conectores.
V. Conjunto completo de conectores.

Negação conjunta – Termo da lógica. Refere-se a uma operação lógica sobre proposições, do tipo do operador português «não se trata de ... nem de ___». Em sistemas simbólicos é normalmente representada por «↓». Os compostos formados por este operador são verdadeiros somen-

NEGAÇÃO DA ANTECEDENTE, FALÁCIA DA

te se ambos os seus constituintes forem falsos. A negação conjunta é um dos dois operadores proposicionais únicos que constituem em si mesmos um conjunto completo de conectores.
V. Conjunto completo de conectores.

Negação da antecedente, falácia da – *V*. Falácia da negação da antecedente.

Negativa, proposição – *V*. Proposição negativa.

Neumann-Bernays-Gödel, teoria dos conjuntos de – *V*. Teoria dos conjuntos de von Neumann-Bernays-Gödel.

Non sequitur – Termo da lógica; falácia ou classe de falácias. Qualquer argumento ou inferência cuja conclusão não deriva correctamente das premissas que o compõem.

Notação polaca – Termo da lógica proposicional. É uma notação em que o símbolo de um conector binário é introduzido antes e não entre as frases que liga. Revela-se útil, porque dispensa o uso de parêntesis, mas, por outro lado, apresenta como desvantagem dificultar a leitura. Exemplo:

$$((p \lor q) \to \neg r) \to (r \to (\neg p \land \neg q))$$

representa-se *CCApqNrCrKNpNq* em notação polaca.

***n*-Tuplo** – *V*. -Tuplo.

***n*-Tuplo ordenado** – *V*. -Tuplo.

O

Obversão – Noção da lógica tradicional. Designação comum para quatro modos válidos de inferência imediata identificados por Aristóteles, e para as equivalências que os sustentam:

«todos os *A* são *B*; logo, nenhum *A* é não-*B*»
«nenhum *A* é *B*; logo, todos os *A* são não-*B*»
«alguns *A* são *B*; logo, alguns *A* não são não-*B*»
«alguns *A* não são *B*; logo, alguns *A* são não-*B*».

V. Inferência imediata.

Ómega – Símbolo da teoria dos conjuntos. O ómega minúsculo (ω) foi usado por Cantor e outros teóricos posteriores para denotar um número ordinal infinito mínimo que é o do conjunto dos números naturais na sua ordenação habitual.

Operador/conector proposicional – *V.* Conector/operador proposicional.

Oposição – Termo da lógica tradicional. Aristóteles usou «oposição» como uma designação geral das diferentes maneiras que as proposições categóricas podem tomar quando discordam entre si, e estabeleceu três tipos de oposição: contraditórias, contrárias e subcontrárias. As contraditórias não podem ser ambas verdadeiras, nem ambas falsas; as contrárias não podem ser ambas verdadeiras, mas podem ser ambas falsas, e as subcontrárias não podem ser ambas falsas mas podem ser ambas verdadeiras. Estas relações foram enquadradas no famoso *quadrado de*

OPOSTO, DOMÍNIO

oposição, um dispositivo pós-aristotélico que ordena as proposições *A*, *E*, *I* e *O* da seguinte maneira (as proposições na primeira linha, isto é, *A* e *E*, são contrárias; as da última linha (*I* e *O*) são subcontrárias, e os pares diagonais – *A* e *O*, e *E* e *I* – são contraditórias):

Afirmativa universal (*A*)	Negativa universal (*E*)
Todos os *A* são *B*	Nenhum *A* é *B*
Afirmativa particular (*I*)	Negativa particular (*O*)
Alguns *A* são *B*	Alguns *A* não são *B*

V. Proposição categórica.

Oposto, domínio – *V*. Imagem (de uma relação/função).

Ordem – Designação da teoria dos conjuntos e da matemáticas. Uma ordem consiste numa relação definida em dado conjunto, que permite que pelo menos determinados elementos desse conjunto sejam ordenados. Uma relação *R* definida num conjunto *A* resulta uma *Ordem parcial* se for reflexiva, antissimétrica e transitiva em *A*. Diz-se que *R* é uma *Ordem total*, *linear* ou simplesmente uma Ordem de *A* se for conexa, irreflexiva e transitiva em *A*. Exemplos: a relação «subconjunto de» fornece uma ordenação parcial ao conjunto-potência de dado conjunto. A relação «menor que» é uma ordenação total dos números naturais.
V. Quase-Ordem; Relações (de uma propriedade); Boa ordem.

Ordem/relação bem fundada – *V*. Relações (propriedades das).

Ordem/relação irreflexiva – *V*. Relações (propriedades das).

Ordem/relação linear – *V*. Ordem; Relações (propriedades das).

Ordem/relação reflexiva – *V*. Relações (propriedades das).

Ordem/relação simétrica – *V*. Relações (propriedades das).

Ordem/relação simples – *V*. Relações (propriedades das).

Ordem/relação total – *V*. Ordem; Relações (propriedades das).

Ordem/relação transitiva – *V*. Relações (propriedades das).

Ordem superior – *V*. Primeira ordem/Ordem superior.

ORDINAL LIMITE

Ordinal (número) – Conceito da teoria dos conjuntos e da matemática. O número cardinal de determinada colecção representa apenas a «grandeza» dessa colecção. O número ordinal, por sua vez, refere-se também à relação entre os seus elementos – Cantor fez notar que a diferença entre esses dois processos de medir a grandeza de classes se reveste de especial importância no caso dos conjuntos infinitos ou transfinitos. Define-se geralmente os números ordinais como os tipos de ordem dos conjuntos bem ordenados. Assim, dois conjuntos apresentam o mesmo número ordinal se existe um isomorfismo entre si. Intuitivamente, os números ordinais aferem a grandeza de dada colecção determinando até onde se tem de ir num dado conjunto «indexador» para contar os seus membros.

V. Cardinalidade; Ordinal limite, Tipo de ordem.

Ordinal limite – Termo da teoria dos conjuntos e da matemática em geral. É qualquer número ordinal diferente de 0 que não tem antecessor imediato (o número ordinal que o tem designa-se muitas vezes «ordinal sucessor»).

V. Antecessor; Sucessor.

P

Paradoxo da heterologicalidade – *V*. Paradoxo de Grelling.

Paradoxo de Berry – Variante simplificada do paradoxo de Richard atribuída ao filósofo George Berry, publicada pela primeira vez num ensaio de Russell em 1906. Considere-se o menor número natural não definível em menos de doze palavras. Este número acaba de ser definido em menos de doze palavras, o que é uma contradição. Uma vez que o número de descrições com menos de doze palavras em português é necessariamente finito e o conjunto dos números naturais é infinito, tem de haver pelo menos um número natural que não pode ser identificado com uma descrição de si próprio em doze palavras; portanto, o menor de tal número natural mínimo está bem definido.
V. Paradoxo de Richard.

Paradoxo de Burali-Forti – Também conhecido como paradoxo do maior ordinal. Os números ordinais, tomados na sua ordem natural, constituem uma colecção bem ordenada, que assim tem um ordinal, Ω. Mas o número ordinal de uma sequência de ordinais é maior que todos os números ordinais dessa sequência. Assim, Ω é maior que todos os ordinais, logo, não pode ser um ordinal.

Paradoxo de Cantor – Paradoxo da teoria dos conjuntos que se deve a Cantor. Se a colecção U de todos os conjuntos é, ela própria, um conjunto, então, pela aplicação do teorema de Cantor, o seu conjunto potência $\wp(U)$ terá de ser maior do que é. Mas $\wp(U)$ é por definição uma colecção de conjuntos e, portanto, tem de estar contida em U, o que é uma contradição. Na moderna teoria dos conjuntos, este resultado é tomado como algo que mostra que o universo de todos os conjuntos não pode ser a um conjunto mas tem de ser tomado como uma classe própria.

Paradoxo de Curry – Paradoxo apresentado por H. B. Curry, em 1942. Considere-se a seguinte frase A: «se esta frase for verdadeira, então B». Se A for verdadeira, então se A for verdadeira, então B. Eliminando-se a repetição da antecedente, infere-se que se A for verdadeira, então B, e, logo, que A é verdadeira, e, finalmente, por *modus ponens*, conclui-se B. Todavia, tal é absurdo, já que B pode ser o que quer que seja.

Paradoxo de Epiménides – Variante do paradoxo do mentiroso, assim designado em nome de Epiménides de Creta, que, segundo se crê, afirmou que os Cretenses eram mentirosos. Revela-se particularmente interessante porque não conduz a uma contradição imediata, mas antes à conclusão de que em alguma ocasião um cretense teve de ter falado verdade. A contradição reside antes no facto de que esta conclusão deveria, aparentemente, ser derivável do pressuposto, quando de facto lhe é independente.

Paradoxo de Eubúlides – *V*. Paradoxo do mentiroso.

Paradoxo de Grelling –Também chamado paradoxo de Grelling-Nelson ou paradoxo da heterologicalidade. Publicado em 1908 por Kurt Grelling e Leonard Nelson, formula-se do seguinte modo: existem adjectivos, como «encarnado», que não se aplicam a si próprios, e a que se dá a denominação de heterológicos. A questão é saber se a própria designação «heterológica» é heterológica. Caso o seja, o termo aplica-se a si próprio, e, logo, não o é. Caso não o seja, essa denominação não se lhe aplica e, portanto, é. Grelling e Nelson consideraram o seu paradoxo uma variante do paradoxo de Russell.

Paradoxo de Richard – Trata-se de um paradoxo publicado por Jules Richard, em 1905. Considere-se a classe D de números decimais infinitos que podem ser definidos num número finito de palavras. D pode ser ordenada sequencialmente (através da ordenação alfabética

Paradoxo de Russell

das definições verbais dos seus elementos, por exemplo). Para todo o *n*, o enésimo algarismo do enésimo membro desta sequência pode ser alterado segundo determinado esquema sistemático. Seja o algarismo assim modificado o enésimo algarismo num novo decimal, *R,* o decimal de Richard. *R* difere, assim, de todos os elementos de *D* em pelo menos uma casa decimal e, portanto, não pertence a *D*. Todavia, é um número decimal infinito definido num número finito de palavras e satisfaz, portanto, a condição de pertença a *D*.

Paradoxo de Russell – É o mais célebre paradoxo da teoria dos conjuntos. Seja *A* o conjunto de todos os conjuntos não pertencentes si próprios. Se *A* pertencer a si próprio, deverá satisfazer a condição de pertença a *A*, ou seja, não pertencer a si próprio, o que é um absurdo. Logo, *A* não pertence a si próprio, pelo que satisfaz a condição de pertença a si próprio, o que é, igualmente, absurdo. Conclui-se, portanto, que *A* não existe (note-se que a derivação do absurdo não se serve da lei do terceiro excluído).

V. Axioma da compreensão; Paradoxo de Grelling.

Paradoxo do maior ordinal – *V*. Paradoxo de Burali-Forti.

Paradoxo do mentiroso – Paradoxo atribuído a Eubúlides (séc. IV a.C.). Alguém afirma: «o que estou a dizer é falso». Se o que diz for verdade, então é falso; se é falso, é verdade. Partindo do princípio de que é verdade ou falso, segue-se que tem de ser ambos, o que é absurdo. O paradoxo do mentiroso *fortalecido* corresponde a uma variante concebida para excluir a possibilidade do que é dito ser absurdo, sendo a afimação paradoxal «o que digo é falso ou absurdo».

Paradoxo do mentiroso fortalecido – *V*. Paradoxo do mentiroso.

Paradoxo do monte – *V*. Paradoxo *sorites*.

Paradoxo *sorites* – Termo da lógica e da linguística, também chamado «paradoxo do monte» (*soros* é a palavra grega que designa monte). Refere-se a vários argumentos paradoxais relacionados com a mudança gradual ou contínua. O mais famoso desses argumentos conclui que nenhuma porção de areia forma um monte, por duas razões: a primeira é que um simples grão de areia não constitui um monte, e, a segunda, porque se *n* grãos de areia não constituem um monte, então *n* + 1 grãos também não formarão um monte. Por indução matemática, nenhuma quantidade de grãos de areia constitui um monte. Os paradoxos *sorites* são geralmente considerados sintomáticos da vagueza de predicados como «monte», «careca» ou «encarnado».

Paradoxos da implicação estrita e material – Termos da lógica filosófica que se referem às discrepâncias gritantes entre as ideias comuns sobre a condicional e a validade, e a acepção que a grande maioria dos lógicos formais favorece. A *implicação material* constitui o substituto verofuncional da condicional. Interpretando «se» desta forma, produz o seguinte resultado paradoxal: se 1) *A* é falsa, ou 2) se *B* é verdadeira, então toda a proposição da forma «se *A*, então *B*» será verdadeira. A *Implicação estrita* consiste na relação existente entre *A* e *B* se for impossível que *A* seja verdadeira e *B* falsa. Os lógicos usam-na vulgarmente como critério de validade dos argumentos, com o resultado paradoxal de que 3) se *A* é impossível, ou se 4) *B* é necessário, então é válido qualquer argumento da forma «*A*; logo, *B*». H. P. Grice, entre outros, defende que, apesar das aparências, 1 e 2 são verdadeiras, na concepção vulgar de «se». Outros consideram que a sua falsidade representa um defeito dessa concepção; há ainda uma terceira corrente que proclama que a sua falsidade evidencia as limitações da lógica matemática. 3 e 4 suscitam idêntica polémica, embora por diferentes motivos.

Paralogismo – Termo da lógica. Qualquer raciocínio falacioso.
V. Falácia.

Parâmetro – Termo da lógica e da matemática em geral. Designa uma grandeza cujo valor se considera fixo em determinado caso, mas que varia de caso para caso. Trata-se, portanto, de uma constante seleccionada arbitrariamente.

Pares, axioma dos – *V*. Axioma dos pares.

Par ordenado – Um par ordenado consiste num *n*-tuplo ordenado em que *n* = 2.
V. -Tuplo.

PARTIÇÃO

Partição – Noção da teoria dos conjuntos. Diz-se que dado conjunto tem partições quando se encontra dividido em subconjuntos mutuamente disjuntos e exaustivos. A partição de um conjunto A consiste, portanto, numa família de subconjuntos de A em que cada membro de A é um elemento exactamente de um desses subconjuntos. Aos subconjuntos que formam uma partição dá-se o nome de *células*.
V. Classe de equivalência.

Particular (proposição) – *V*. Proposição categórica.

Peano, postulados de – *V*. Postulados de Peano (Aritmética de Peano).

Perfeito, silogismo – *V*. Silogismo perfeito.

Petitio principii – *V*. Falácia do raciocínio circular.

Polissilogismo – Trata-se de um argumento que se compõe de uma sequência de silogismos. É também chamado «*sorites*».

Ponto fixo de Gödel – *V*. Frase de Gödel.

Post, completude de – V. Completude de Post.

Postulados de Peano (aritmética de Peano) – Sistema de axiomas para a aritmética dos números naturais. Em 1888, Dedekind introduziu um sistema equivalente, mas foi o sistema de Peano, apresentado no ano seguinte, que veio a ser mais utilizado. Na sua formulação inicial, o sistema compreendia cinco postulados:
1) 0 é um número natural;
2) qualquer sucessor de um número natural é um número natural;
3) 0 não é o sucessor de qualquer número natural;
4) se dois sucessores forem idênticos, então os números que os antecedem também o são;
5) dada qualquer propriedade P, se
i) 0 tem P
e
ii) para qualquer número natural x, se x tem P, então o sucessor de x também terá, P
então,
iii) qualquer número natural tem P.

Formulada deste modo, com um quantificador sobre propriedades no axioma n.º 5 (postulado da indução), a aritmética de Peano é um sistema de segunda ordem. Obtém-se um sistema de primeira ordem tomando a indução não como axioma mas como um esquema axiomático. Uma formulação moderna de primeira ordem do sistema (agora chamado PA) enuncia-se do seguinte modo:

A1) $\neg \exists x (0 = Sx)$,

A2) $\forall x, y (Sx = Sy \rightarrow x = y)$,

A3) $\forall x (x + 0 = x)$,

A4) $\forall x, y (x + Sy = S(x + y))$,

A5) $\forall x (x \cdot 0 = 0)$,

A6) $\forall x, y (x \cdot Sy = (x \cdot y) + x)$,

AS7) Para qualquer fórmula ϕ na qual x não ocorre ligada,

$$[\phi(0) \& \forall x(\phi(x) \rightarrow \phi(Sx))] \rightarrow \forall x \phi(x).$$

V. Indução matemática.

Potência (de um conjunto) – *V.* Cardinalidade.

Predicado – Em lógica moderna, consiste numa expressão que forma uma frase a partir de um ou mais nomes. Pode igualmente referir-se à relação denotada por essa expressão. Em lógica aristotélica tradicional, o predicado é o termo geral que se segue à cópula, como «mortal» na frase «todo o homem é mortal».
V. Proposição categórica.

Predicado de demonstrabilidade – Diz-se que uma fórmula da linguagem de uma teoria T é um predicado de demonstrabilidade de T quando satisfaz as condições de derivabilidade.
V. Condições de derivabilidade.

Premissa – *V.* Argumento.

Premissa maior (de um silogismo) – Denominação da lógica tradicional que designa a premissa que, num silogismo categórico, contém o termo maior (isto é, o termo que é o predicado da conclusão). Tome-se o silogismo Barbara «os mamíferos são animais vertebrados; as baleias são mamíferos; logo, as baleias são vertebrados»: «vertebrados» é o termo maior; «os mamíferos são animais vertebrados» é a premissa maior.
V. Termo maior (de um silogismo); Silogismo categórico.

Premissa menor (de um silogismo) – Designação da lógica tradicional que se refere, num silogismo categórico, à premissa que contém o termo menor, ou seja, o termo que é o sujeito da conclusão. Atente-se no silogismo Barbara «os mamíferos são animais vertebrados; as baleias são mamíferos; logo, as baleias são vertebrados»: «baleias» é o termo menor e «as baleias são mamíferos» é a premissa menor.
V. Termo menor (de um silogismo); Silogismo categórico.

Prenexa, forma normal - *V.* Forma normal (prenexa).

Pré-ordenação – *V.* Quase-ordenação.

Primeira ordem/ordem superior – Noções da metalógica. As variáveis de primeira ordem têm como domínio indivíduos (isto é, os elementos do domínio de uma estrutura de interpretação); as de segunda ordem têm como domínio conjuntos de indivíduos, as suas propriedades, ou ainda as relações entre eles; uma variável de terceira ordem tem como domínio conjuntos dos conjuntos anteriores (ou propriedades das propriedades de...), e assim sucessivamente. A lógica de ordem n consiste na lógica dos sistemas cujas variáveis são de ordem n, no máximo.
V. Variável.

Princípio das escolhas construtivas – *V.* Princípio de Markov.

Princípio de Markov – Princípio com o nome do matemático russo A. A. Markov, consiste numa lei que rege conjuntos ou predicados de números, em várias formas da matemática construtivista. Este princípio, inicialmente designado «princípio das escolhas construtivas», foi proposto por Markov em 1952 ou 1953, e é representativo do construtivismo matemático da escola lógica russa ou markoviana. Formulado em termos generosos, determina que sempre que um conjunto de números naturais é decidível, e seja falso que todos os números lhe pertencem, existe, então, um número natural que não é seu membro. Apesar de ser um teorema da lógica clássica, não é derivável em diversos formalismos da matemática construtivista, e é rejeitado pelos intuicionistas que seguem Brouwer.

Princípio do círculo vicioso – *V.* Definição impredicativa.

Problema – *V. Entscheidungsproblem*; Hipótese do contínuo; Problema de decisão; Problema de Henkin; Problema da paragem; Problema solúvel.

Problema da decisão – Noção central da metamatemática e da teoria da computação. O problema da decisão relativamente a um conjunto de questões consiste no problema de estabelecer um algoritmo suficiente para responder correctamente (positiva ou negativamente) a qualquer das questões existentes no conjunto. Quando tal algoritmo existe, diz--se que o problema da decisão é solúvel; quando não existe, é insolúvel. Em teorias formais, o problema da decisão ou *Entscheidungsproblem* consiste em encontrar um algoritmo que determine, num caso arbitrário, a demonstrabilidade na teoria. Exemplos: o problema da decisão da paridade dos números naturais é solucionado pelo vulgar algoritmo «divisão por 2». Uma demonstração do teorema de Church mostra que o problema da decisão para a validade geral de primeira ordem é insolúvel.

V. Entscheidungsproblem; Problema solúvel.

Problema da paragem – Resultado básico de indecidibilidade na teoria da computabilidade. Demonstra-se que o problema da indecisão não admite solução geral. A sua resolução consistiria na elaboração de um programa informático geral (mais concretamente, uma máquina registadora ou uma máquina de Turing), que, a partir de um programa ou máquina P arbitrários, usando a mesma linguagem e um potencial valor de entrada n igualmente arbitrário, permitisse determinar se a computação de P se interromperia quando se introduzisse n em P. A importância do problema da indecisão reside no facto de que existem bastantes problemas matemáticos naturais que se pode demonstrar serem insolúveis por analogia com o presente problema.

V. Problema solúvel.

Problema de Henkin – Problema colocado, em 1952, por Leon Henkin, que se enuncia do seguinte modo: seja T um sistema formal canónico de primeira ordem para a aritmética adequado para representar qualquer relação recursiva entre números naturais; e seja H uma fórmula da linguagem de T que expressa em T a noção de que H é, ela própria,

PROBLEMA SOLÚVEL

demonstrável em T: H é demonstrável em T ou é independente de T? O problema de Henkin foi resolvido por Löb em 1955, demonstrando que qualquer H é demonstrável em T.
V. Frase de Henkin; Teorema de Löb.

Problema solúvel – Noção básica da teoria da computabilidade. Define-se problema como um conjunto infinito de questões numéricas ou matemáticas da forma «x tem a propriedade P?», onde x é variável, tal como «o número n é par?» e «A é um teorema da lógica predicativa?». Diz-se que um problema é solúvel, ou solúvel recursivamente, quando existe um procedimento algorítmico que apresenta respostas correctas do tipo sim-ou-não, a todas as questões levantadas no problema. Se assim não for, diz-se que o problema é (recursivamente) insolúvel. Por outras palavras, um problema do género «x tem a propriedade P?» é solúvel quando existe um procedimento efectivo que, dado qualquer valor adequado n a x, calcula a resposta correcta à questão «n tem P?». Exemplos: os problemas «o programa P da máquina de Turing pára em presença de qualquer dado de entrada?» e «A é um teorema da lógica de predicados total?» são recursivamente insolúveis.
V. Algoritmo; *Entscheidungsproblem*; Problema da paragem; Problema da decisão; Teorema de Church.

Processo de decisão – Conceito da lógica formal e da teoria da computabilidade. Há um processo de decisão para uma questão ou problema geral (como ser ou não um teorema de um sistema formal) sempre que existe um processo algorítmico finitário para determinar correctamente e de modo uniforme respostas para todas as possíveis instâncias dessa questão ou problema. Quando existe um processo de decisão para problema, diz-se que a propriedade por ele determinada é decidível. O método das tabelas de verdade, por exemplo, permite um processo de decisão para tautologias, na lógica proposicional clássica. Assim, a propriedade de ser tautológico é, nesta lógica, uma propriedade decidível das fórmulas.
V. Algoritmo; Church, teorema de.

Processo efectivo – *V.* Algoritmo.

PROPOSIÇÃO CATEGÓRICA

Processo ilícito, falácia do – *V.* Falácia do processo ilícito.

Produto (de conjuntos) – *V.* Produto Cartesiano.

Produto cartesiano – Noção da teoria dos conjuntos, a que também se dá o nome de «produto cruzado» ou «produto directo». O produto cartesiano de $A_1 \times ... \times A_n$ de uma família de conjuntos $A_1,..., A_n$ é a classe dos n-tuplos ordenados $\langle a_1, ..., a_n \rangle$, tal que $a_i \in A_i$ para $1 \le i \le n$.

Produto cruzado de conjuntos – *V.* Produto cartesiano.

Produto directo (de conjuntos) – *V.* Produto cartesiano.

Proposição – Da Idade Média até ao século XIX, a proposição era entendida como 1) uma frase declarativa considerada juntamente com o seu significado ou conteúdo; em certos contextos, era ou uma ora outra dessas coisas. A partir de inícios do séc. XX, o termo «proposição» passou a ser usado em dois sentidos que se sobrepõem:
2) intensão ou significado de uma frase (possível); e
3) a circunstância ou conteúdo totalmente determinado passível de ser afirmado ou expresso por dada locução de uma frase.

Na acepção 3, uma proposição é o tipo de entidade que pode constituir objecto de crença; explica-se muitas vezes a acepção 2, na senda de Carnap, como um conjunto de «índices» (ou uma função de índices para valores de verdade), em que um índice é um mundo possível, uma descrição de um estado ou um contexto de uso. No entanto, não é claro que esta definição seja adequada para todos os usos que se faz de 2 – designadamente quanto ao que as frases sinónimas têm em comum.
V. Proposição categórica; Proposição singular; Silogismo hipotético; Validade.

Proposição categórica – Noção básica da lógica tradicional. Uma proposição categórica é uma frase sujeito-predicado que se compõe de um quantificador, dois termos (*menor* ou *sujeito*, e *maior* ou *predicado*) e uma cópula (negada ou não). A designação «categórica» deriva da palavra grega «*kategorein*», que significa «predicar». Dois quantificadores possíveis e duas cópulas dão origem a quatro formas categóricas universais («todo», «cada») ou particulares («alguns») em quantidade e afirmativas (sinal da cópula), («são»), ou negativas («não são») em

95

PROPOSIÇÃO CATEGÓRICA INDEFINIDA

qualidade. Na Idade Média, viriam a ser nomeadas pelas quatro primeiras vogais:

A Todos os *A* são *B* (afirmativa universal)
E Nenhum *A* é *B* (negativa universal)
I Alguns *A* são *B* (afirmativa particular)
O Alguns *A* não são *B* (negativa particular).

Em *De Interpretatione*, Aristóteles reconhece também proposições categóricas «indefinidas», a que falta um quantificador. A sua interpretação é ainda alvo de controvérsia.

V. Modo (de um silogismo categórico); Oposição; Silogismo categórico.

Proposição categórica indefinida – *V*. Proposição categórica.

Proposição negativa – *V*. Proposição categórica.

Proposição singular – Termo da lógica. Em lógica moderna, uma proposição singular é uma frase simples que compreende apenas um predicado e um número apropriado de termos singulares, como «*Fa*» ou «*Rxy*». Tradicionalmente, é uma proposição categórica com um nome próprio como termo sujeito. Não está expressamente presente qualquer quantificador mas William de Ockham entendeu o nome próprio como um termo universalmente quantificado de extensão unitária, tornando assim as proposições singulares tratáveis na silogística.

V. Proposição categórica.

Proposição universal – *V*. Proposição categórica.

Proposicional, conector/operador – *V*. Conector/operador proposicional.

Proposicional, lógica – *V*. Lógica proposicional

Q

Quadrado de oposição – *V*. Oposição.

Qualidade (de uma proposição categórica) – *V*. Proposição categórica.

Quantidade (de uma proposição categórica) – *V*. Proposição categórica.

Quantificador – Conceito básico da lógica. Tradicionalmente, designava as expressões sincategoremáticas das proposições categóricas, como «todo», «algum» «nenhum», indicadoras da *quantidade* da proposição. Em lógica moderna, corresponde a vários operadores que permitem ligar ocorrências de variáveis, transformando em termos expressões que são como termos, ou funções proposicionais em proposições. Um quantificador *universal* ligado a uma proposição do tipo «*A* são *B*» afirma que os elementos de *A* (ou todos os objectos que têm a propriedade *A*) são elementos, ou têm a propriedade *B*. Um quantificador *existencial* ligado a uma proposição «*A* são *B*» afirma que existe pelo menos um elemento de *A* (ou, no mínimo, um objecto que tem a propriedade *A*), que é um elemento de *B,* ou tem a propriedade *B*.
V. Generalização existencial; Generalização universal; Instanciação existencial; Instanciação universal; Proposição categórica; Variável.

Quantificador existencial – *V*. Quantificador.

Quantificador universal – *V*. Quantificador.

Quase-ordenação

Quase-ordenação – Noção da teoria dos conjuntos e da matemática. R é uma quase-ordenação (pré-ordenação) sobre A se, e só se, R for reflexiva e transitiva em A.

V. Relações (propriedades das).

R

Raciocínio circular, falácia do – *V*. Falácia do raciocínio circular.

Raciocínio do geral para o particular – *V*. Ampliação.

Raciocínio do particular para o geral – *V*. Ampliação.

Recursão, teorema da – *V*. Teorema da recursão.

Redução silogística – A derivação aristotélica de todos os silogismos categóricos da primeira figura com a ajuda de algumas inferências imediatas (inferências com uma só premissa). Aristóteles considerava axiomáticos os quatro modos silogísticos da primeira figura, mas demonstrou também que os modos da segunda e terceira figuras podiam, igualmente, ser tomadas como axiomas. Aristóteles apresentou, assim, três axiomatizações diferentes da silogística categórica.
V. Figura (de um silogismo categórico); silogismo perfeito.

Reducibilidade, axioma da – *V*. Axioma da reducibilidade.

Reductio ad absurdum – Termo da lógica. Consiste na regra, válida para a generalidade dos sistemas de lógica, que determina que, quando é possível deduzir um par de frases contraditórias q e não-q de um dado pressuposto p, p terá, então, de ser falso, e não-p (contraditório de p) será verdadeiro. Quando p é ele próprio negativo, a regra também é chamada demonstração indirecta. *Reductio ad absurdum* (ou *reductio ad impossibile*) era uma forma de inferência imediata na silogística aristotélica.
V. Inferência imediata.

REGRAS DE INFERÊNCIA

Regras de inferência – *V*. Inferência.

Regras dos sistemas de sequentes – *V*. Contracção; Diluição.

Regularidade, axioma da – *V*. Axioma da fundação; Axioma da regularidade.

Relação – Conceito da lógica e da teoria dos conjuntos. No primeiro tratamento de De Morgan, as relações correspondiam a cópulas generalizadas. De Morgan definiu uma proposição como a apresentação de dois nomes sob uma relação, cuja forma geral se enuncia do seguinte modo: «*s* está na relação *R* com *p*», em que *R* actua como cópula entre o sujeito *s* e o predicado *p*. De Morgan tratou as expressões relacionais como apresentando simultaneamente *intensões* e *extensões*. Em seu entender, a teoria geral das relações deve permitir a existência de expressões relacionais com qualquer número finito de termos ou *argumentos*. Em lógica moderna, considera-se que a extensão de uma expressão relacional com n termos consiste num conjunto de n-tuplos dos elementos do conjunto em que é definida a relação, a que se dá o nome de *campo* da relação.

V. Ancestral (de uma relação); Aridade; Boa ordem; Campo (de uma função/relação); Conversa (de uma relação); Domínio (de uma função/relação); Função; Imagem (de uma função/relação); Inversa (de uma relação); Lógica de functor de predicados; Ordem; Predicado; Relação de equivalência; Relações (propriedades das).

Relação conversa – Termo da lógica e da teoria dos conjuntos. A conversa (ou inversa) de uma relação R é a relação $\breve{R}$ tal que $\breve{R}xy$ se, e só se, Ryx.

Relação de equivalência – Conceito matemático. Uma relação binária é uma relação de equivalência quando é reflexiva, simétrica e transitiva no campo em que está definida. Exemplo: no conjunto dos triângulos euclidianos, a congruência é uma relação de equivalência.

Relações (propriedades das) – Seja R uma relação sobre um dado conjunto A. Então:

R é conexa (ou *completa*) em A se, e só se, dois elementos distintos de A, quaisquer que sejam, estiverem relacionados por R: para qualquer x,

y em A, então Rxy (lê-se «x relaciona-se com y por R ») ou Ryx, ou $x = y$.

R é *fortemente* conexa se, e só se, para qualquer x, y em A, Rxy ou Ryx.

R é *densa* se, e só se, sempre que R relaciona dois elementos de A existe um terceiro que se relaciona com ambos do seguinte modo: se Rxy, existe um z em A tal que Rxz e Rzy.

R é *reflexiva* se, e só se, R relaciona todos os elementos de A consigo próprios: Rxx para todo o x em A.

R é *irreflexiva* se, e só se, nenhum elemento de A está na relação R consigo próprio: se Rxy então $x \neq y$.

R é *simétrica* se, e só se, R e a sua conversa forem coincidentes: para todo o x, y em A, se Rxy, então Ryx.

R é *antissimétrica* se, e só se, nenhum par de elementos distintos de A estiver simultaneamente em R e na sua conversa: se Rxy e Ryx, então $x = y$.

R é *assimétrica* se, e só se, para qualquer x, y em A se Rxy, então não-Ryx.

R é *transitiva* se, e só se, sempre que R relaciona x com y e y com z, então relaciona x directamente com z: se Rxy e Ryz, então Rxz.

R é *linear* (ou ainda *simples*, ou *total*) em A se, e só se, R for antissimétrica, conexa, reflexiva e transitiva em A.

R é *bem-fundada* se e só se todos os subconjuntos não-vazios de A tiverem elemento mínimo sob R: para todo o $B \subset A$, se $B \neq \varnothing$ existe um único b em B tal que para cada x em A, se $x \neq b$, então Rbx; por outras palavras, não há cadeias descendentes infinitas de elementos na relação R.

Se A se apresenta ordenado por uma relação R que tenha alguma destas propriedades, diz-se que R é uma *ordem* dessa categoria em A. Existem algumas variantes das definições acima apresentadas.

V. Boa Ordem; Conversa (de uma relação); Ordem.

Restrição, axioma da – *V.* Axioma da restrição; Axioma da fundação

Resultado (de uma função) – *V.* Função.

Richard, paradoxo de – *V.* Paradoxo de Richard.

Russell, paradoxo de – *V.* Paradoxo de Russell.

S

Satisfação – Conceito básico da teoria dos modelos e da semântica formal, introduzido por Tarski para definir a verdade em linguagens que incluem quantificadores. Designa uma relação ternária entre:
a) fórmulas de uma linguagem formal L;
b) interpretações ou estruturas M de L; e
c) sequências de itens do domínio de M.

Intuitivamente, uma sequência satisfaz uma fórmula sob uma interpretação apenas quando essa fórmula, assim interpretada, se aplica aos elementos da referida sequência, tomados na ordem por ela estabelecida. Assim, se m_1 e m_2 forem elementos do domínio de M e «Rxy» uma fórmula de L, a sequência $\langle m_1, m_2 \rangle$ satisfará «Rxy» sob M apenas quando $\langle m_1, m_2 \rangle$ pertence à extensão atribuída por M a «Rxy» (a extensão é o conjunto de pares ordenados dos elementos do domínio de M). As frases (fórmulas que não contêm ocorrências de variáveis livres) serão satisfeitas por todas as sequências sob M se o forem por qualquer uma delas. Diz-se que uma frase é verdadeira em M quando é satisfeita por algumas ou todas as sequências sob M. Um conjunto F de frases de L é satisfazível (ou simultaneamente satisfazível) quando existe para L uma estrutura M que torna verdadeiras todas as frases F.
V. Interpretação; Estrutura.

Semelhança (de conjuntos ordenados) – V. Tipo de ordem.

Separação, axioma da – V. Axioma da separação.

Sequência – Noção da teoria dos conjuntos e da matemática em geral. Uma sequência é um conjunto ordenado de objectos, finito ou enumeravelmente infinito, que, por esta razão, é indexável pelos números naturais ou por um dos seus segmentos iniciais.

Sequência de escolha – Conceito introduzido por Brouwer na teoria intuicionista dos números reais em 1914, inspirado pelas ideias de du Bois-Reymond e Borel. Na matemática intuicionista, uma sequência de escolha consiste num mapeamento dos números naturais para uma colecção (normalmente, os números naturais ou os racionais), e considera-se uma «entidade incompleta» dado que os valores obtidos na sequência não podem ser previamente concebidos como totalmente determinados pela lógica, por regra explícita ou por estipulação. Brouwer descobriu demonstrações do seu famoso teorema da continuidade (que todas as funções totais de valores reais acima do intervalo da unidade são uniformemente contínuas) partindo da reflexão sobre a sua concepção de sequência de escolha.

Série – Noção da matemática. Emprega-se, por vezes, como sinónimo de sequência, mas em sentido estrito, uma série é a soma de uma sequência de termos.

Significação – Provém da expressão latina «fazer um sinal». Significação, na sua acepção vulgar, refere-se ao significado de algo (num sentido bastante abrangente), ao acto de atribuição de significado e à criação de símbolos. Na lógica medieval e em semântica, «*significatio*» era o significado canónico de um símbolo ou um aspecto peculiar desse significado. A partir de fins do século XII, «*significatio*» passou a integrar as quatro principais propriedades dos termos e referia-se ao significado de um termo ou aos seus diferentes tipos de usos correntes.

Silogismo – *V.* Antilogismo; Conversão *per* accidens; Conversão simples; Dilema; Modo (de um silogismo categórico); Entimema; Figura (de um silogismo categórico); Implicação existencial; Inferência imediata; Mnemónicas silogísticas; *Modus ponendo tollens*; *Modus ponens*; *Modus tollendo ponens*; *Modus tollens*; Oposição; Polissilogismo; Premissa maior (de um silogismo); Premissa menor (de um silogismo); Proposição categórica; Proposição singular; *Reductio ad absurdum*; Re-

SILOGISMO CATEGÓRICO

dução silogística; Silogismo categórico; Silogismo disjuntivo; Silogismo hipotético; Silogismo modal; Silogismo perfeito; Subalternização; Termo distribuído (de um silogismo); Termo maior (de um silogismo); Termo médio (de um silogismo); Termo menor (de um silogismo).

Silogismo categórico – Trata-se de uma forma de argumento válida do mais antigo sistema lógico formal do Ocidente, enunciado por Aristóteles no início de *Analíticos Anteriores*. Um argumento silogístico tem uma premissa maior, uma premissa menor e conclusão, e todas elas são proposições categóricas – daí a denominação «silogismo categórico». O silogismo hipotético é constituído por proposições compostas. *V*. Proposição categórica.

Silogismo dilemático – *V*. Dilema.

Silogismo disjuntivo – Originalmente, referia-se a uma das duas formas válidas de argumento «*p* ou *q*; *p*; logo, não-*q*» (o «quarto indemonstrável» da lógica estóica), ou «*p* ou *q*; não-*p*; logo, *q*» (o «quinto indemonstrável»), ou ainda o mesmo mas com a permuta da premissa maior. «Ou» era, neste caso, exclusivo. O silogismo disjuntivo era considerado um tipo de silogismo hipotético. Actualmente, emprega-se «silogismo disjuntivo» apenas na segunda forma, que corresponde ao quinto indemonstrável, mas na qual «ou» é inclusivo. Não se aplica em certas lógicas relevantes.

Silogismo hipotético – Originalmente, dizia-se do argumento válido composto de duas premissas condicionais. Posteriormente, passou a incluir diversos conectores. Os silogismos aristotélicos compunham-se de proposições categóricas, embora Aristóteles se referisse igualmente a «silogismos com base em hipóteses». Atribui-se a Teofrasto a formulação dos silogismos hipotéticos, em especial dos «silogismos fortemente hipotéticos» como «se *A*, então *B*; se *B*, então *C*; logo, se *A*, então *C*», a que hoje em dia se chama silogismo hipotético (na era de Boécio, o termo era extensivo à generalidade dos argumentos estóicos com duas premissas).

Silogismo modal – Trata-se de um argumento com duas premissas composto de proposições categóricas, modalizadas e não-modalizadas.

Para Aristóteles, a modalização caracterizava-se por afectar o termo predicado: em «todo o *A* é necessariamente *B*», por exemplo. A modalidade era *de re*. Aristóteles reconheceu a possibilidade unilateral («não--impossível») e a possibilidade bilateral (contingência). O modo de proposição categórica modalizada mais peculiar em Aristóteles era «todo o possível *A* é um possível *B*», e os seus análogos para outras quantidades ou qualidades (possibilidade bilateral). Teofrasto interpretou as modalidades como *de dicto*, permitindo a obtenção de resultados mais claros. Em última análise, os dois sistemas complementam-se. Exemplo: «os homens são necessariamente animais; todos os Gregos são homens; logo, todos os Gregos são necessariamente animais».
V. Proposição categórica.

Silogismo perfeito – Conceito da lógica tradicional, aplicado por Aristóteles aos silogismos da primeira figura (Barbara, Celarent, Darii e Ferio), aparentemente porque acreditou que a sua validade era auto-evidente, em contraste com os silogismos «imperfeitos» das outras figuras, cuja validade carecia de demonstração.
V. Figura (de um silogismo categórico); Modo (de um silogismo categórico).

Simétrica, ordem/relação – *V.* Relações (propriedades das).

Sincategorema – Termo da lógica tradicional. Designa um termo que não pode desempenhar a função de termo sujeito ou predicado de uma proposição categórica, como seja o caso de advérbios e conjunções. Contrasta com categorema. Exemplos: «todo(s)», «se», «e».
V. Categorema.

Sintético (juízo ou proposição) – *V.* Analítico/sintético (juízo ou proposição).

Sistema formal – Noção básica da metalógica. Também conhecido como sistema ou cálculo logístico, um sistema formal é um meio que permite desenvolver demonstrações irrefutavelmente rigorosas. Tal obtém-se tornando decidível o conceito de demonstração ou derivação no sistema, ou seja, fornecendo um processo puramente mecânico que verifica se determinada suposta demonstração é aceitável. Recorre-se à

Sistema logístico

utilização de uma linguagem formal, e é necessário que cada passo da demonstração esteja de acordo com uma lista de regras de inferência rigorosamente definidas, cuja aplicação é decidível. Desde a invenção do sistema formal de Frege (1879), a ideia tem vindo a ser alargada, no sentido de abranger deduções ou derivações de premissas, e demonstrações de teoremas.
V. Linguagem formal.

Sistema logístico – *V*. Sistema formal.

Skolem, forma normal de – *V*. Forma normal de Skolem.

Skolem, teorema de - *V*. Teorema de Skolem.

Sobreconjunto – *V*. Subconjunto.

Sobrejecção – *V*. Função sobrejectiva.

Sofisma – Termo usado por Aristóteles (*Tópicos*, 162a14) para designar um argumento que é inválido mas que pode, ilusoriamente, parecer válido.

Solidez (de um argumento) – Noção da lógica elementar. Um argumento diz-se sólido quando é válido e todas as suas premissas são verdadeiras.
V. Validade.

Sorites – *V*. Paradoxo *sorites*; Polissilogismo.

Subalternização – A subalterna de «todos os *A* são *B*» é «alguns *A* são *B*»; a subalterna de «nenhum *A* é *B*» será «alguns *A* não são *B*». A subalternização, a inferência imediata que conclui a subalterna, é válida na lógica aristotélica e na lógica tradicional. A sua validade depende do pressuposto existencial de que existem *A*. Os silogismos demonstráveis (redutíveis) através da subalternização denominam-se silogismos subalternos.
V. Inferência imediata.

Subconjunto – Conceito da teoria dos conjuntos. *A* é um subconjunto de *B* se, e só se, todos os elementos de *A* forem também elementos de *B* (neste caso, pode também chamar-se um *sobreconjunto* de *A*). *A* é um subconjunto *próprio* de B se, e só se, A for um subconjunto de B e este contiver algum elemento que não é um elemento de A; neste caso, B é referido como um sobreconjunto próprio de A. Mais generalizadamente, se D for uma qualquer colecção, diz-se que A é um subconjunto de B com respeito a D se, e só se, todos os elementos de D que são elementos de A também forem elementos de B.

Subcontrárias – *V*. Oposição.

Substituição, axioma da – *V*. Axioma da substituição.

Subteoria – *V*. Extensão.

Sucessor – Termo da teoria dos conjuntos e da matemática. Num conjunto ordenado, o sucessor de um elemento é aquele que imediatamente se lhe segue, quando o conjunto se apresenta em ordem. Se x, y são elementos de um conjunto ordenado A, e y é maior que x, e não havendo nenhum elemento de A menor que y mas maior que x, então y é o sucessor de x, escrevendo-se por vezes x'. Se A se apresentar ordenado pela relação R, então o sucessor de x em A é o elemento x', tal que Rxx' e para todo $y \neq x'$ se Rxy, então $Rx'y$. Exemplo: na normal sequência dos números naturais, o sucessor de um número natural n é o número $n + 1$.

V. Antecessor; Conjunto discreto; Indução matemática; Ordinal limite; Postulados de Peano (Aritmética de Peano); Sucessor.

Sujeito – Trata-se da entidade a que uma frase se refere; o seu assunto. Termo sujeito (ou simplesmente «sujeito») é o termo de uma proposição que se refere ao sujeito. Em lógica moderna, o termo sujeito corresponde a um termo singular de uma frase atómica. Em lógica aristotélica clássica, o termo sujeito de uma proposição categórica é o termo geral que se segue ao quantificador, como a palavra «homens» na frase «todos os homens são mortais».

V. Proposição categórica.

Supremum – *V*. Limite de um conjunto.

T

Tabela de Verdade – Noção elementar da lógica proposicional. Uma tabela de verdade é um diagrama que apresenta todos os valores de verdade para dada fórmula proposicional ou argumento, sendo os valores de verdade de toda a fórmula determinados por cada combinação possível dos valores de verdade dos «componentes de base» ou «frases atómicas» (os seus constituintes últimos). Numa lógica com k valores de verdade básicos, a proposição constituída por n frases atómicas ou uma função de verdade n-ária representa-se numa tabela de verdade constituída por n colunas de valores de entrada e uma coluna de resultados, e para cada uma destas colunas, k^n linhas. Exemplos:

A	B	$A \wedge B$
V	V	V
V	F	F
F	V	F
F	F	F

V. Valor de verdade.

Tarski, teorema da indefinibilidade de – V. Teorema da indefinibilidade de Tarski.

Tautologia, implicação tautológica – Noções básicas da lógica. Diz--se que uma proposição é uma tautologia quando a sua verdade é logi-

TEOREMA DA INDEFINIBILIDADE DE TARSKI

camente necessária, ou quando a sua negação é uma contradição. As frases formadas por meio de operadores verofuncionais consideram-se tautologias quando resultam verdadeiras sob qualquer valor de verdade atribuído às suas frases atómicas. Um conjunto de premissas implica tautologicamente uma conclusão se todos os valores de verdade atribuídos às frases atómicas que tornam todas as premissas verdadeiras também tornam a conclusão verdadeira. Exemplos: «$p \lor \neg p$» é uma tautologia; «p» e «$p \to q$» implicam tautologicamente «q».

Teorema – *V.* Leis de De Morgan; Princípio de Markov; Teorema de Cantor, Teorema de Church; Teorema da completude; Teorema da dedução; Teorema da indefinibilidade de Tarski; Teorema da recursão; Teorema de Herbrand; Teorema de Löb; Teorema(s) de Löwenheim--Skolem; Teorema S-M-N; Teoremas da eliminação do corte; Teoremas da incompletude.

Teorema ascendente de Löwenheim-Skolem – *V.* Teorema(s) de Löwenheim-Skolem.

Teorema da completude – Nome vulgarmente dado ao teorema demonstrado por Gödel em 1930, segundo o qual todo o conjunto consistente de frases de um cálculo de primeira ordem ou linguagem quantificada tem um modelo. Assim, demonstra-se que o cálculo é, em simultâneo, fraca e fortemente completo.
V. Completude (de um cálculo lógico).

Teorema da continuidade – *V.* Sequência de escolha.

Teorema da dedução – Teorema presumivelmente demonstrado pela primeira vez por Tarski em 1921, e publicado por Herbrand, em 1930. Determina que se uma fórmula B pode ser derivada de um conjunto de fórmulas Γ juntamente com uma única fórmula A, então a frase $A \to B$ pode ser derivada de Γ. Ou seja, se Γ, A B, então, Γ $A \to B$.

Teorema da indefinibilidade de Tarski – Teorema básico demonstrado por Tarski em 1936, relativo à definibilidade da noção de verdade nas linguagens formais. Estabelece que não há qualquer fórmula na linguagem da aritmética verdadeira de todos os números de Gödel e apenas deles das verdades da aritmética.

Teorema da Máquina Universal

Teorema da máquina universal – V. Máquina universal de Turing.

Teorema da parametrização – V. Teorema S-M-N.

Teorema da recursão – Resultado fundamental na teoria das funções recursivas, demonstrado por Stephen Kleene. O teorema mostra que a classe das funções parcialmente recursivas é fechada sob várias definições indutivas e implícitas, e enuncia-se da seguinte forma: sempre que f corresponde a uma função computável total, que conduz de programas (da máquina de Turing) para programas (da máquina de Turing), existirá um programa P que é um ponto fixo de f no sentido alargado em que P e $f(P)$ calcularão exactamente a mesma função. Este resultado é também chamado «teorema da segunda recursão de Kleene», para se distinguir de um outro designado «teorema da primeira recursão», igualmente demonstrado por Kleene.
V. Função recursiva; Máquina de Turing.

Teorema da segunda recursão de Kleene – V. Teorema da recursão.

Teorema de Cantor – Resultado básico da teoria dos conjuntos demonstrado por Cantor, em 1892. Determina que o conjunto-potência $\wp(A)$ de um conjunto A apresenta sempre grandeza ou cardinalidade maior que A. De facto, se A tem cardinalidade α, então $\wp(A)$ terá cardinalidade 2^α.
V. Axioma do conjunto-potência; Cardinalidade; Conjunto-potência.

Teorema de Church – Resultado fundamental da metamatemática de primeira ordem, demonstrado por Church em 1936. O teorema de Church afirma que a validade em lógica integral de primeira ordem é indecidível, isto é, que não há qualquer processo de decisão para determinar se dada fórmula arbitrária da lógica predicativa integral de primeira ordem é ou não um teorema. Com efeito, é possível demonstrar que a validade é indecidível em qualquer linguagem de primeira ordem que contenha, pelo menos, um símbolo predicativo binário. O teorema de Church dá uma solução definitivamente negativa ao *Entscheidungsproblem* (problema da decisão) da lógica elementar de Hilbert.
V. Decidibilidade; Problema solúvel; Procedimento de decisão; Validade.

Teorema(s) de Löwenheim-Skolem

Teorema de Herbrand – Resultado do fundamental da forma normal da teoria da demonstração, enunciado na tese de Herbrand de 1929. Este teorema pode ser considerado uma versão construtiva do teorema de Löwenheim-Skolem. Num caso especial, o teorema de Herbrand afirma que uma frase existencial é um teorema da lógica de predicados clássica se, e só se, existir uma quase-tautologia composta unicamente de instâncias da matriz, isenta de quantificadores, dessa frase. Neste caso, uma quase-tautologia é uma consequência tautológica dos axiomas da identidade.

Teorema de Löb – Importante resultado da metamatemática das teorias formais, em especial da aritmética. Demonstrado em 1955 por M. H. Löb, como solução do problema de Henkin. Demonstra que numa teoria T qualquer fórmula $\text{Dem}_T(x)$ da linguagem de T que satisfaz as condições de derivabilidade, e qualquer fórmula A da linguagem de T, se «$\text{Dem}_T(\lceil A \rceil) \to A$» for um teorema de T, então A também o será. Menos formalmente, se T demonstra que A é implicado por uma fórmula que expressa a sua demonstrabilidade em T, então T demonstra A. Aceites as condições de derivabilidade como condições que têm de ser satisfeitas por qualquer fórmula $\text{Dem}_T(x)$ da linguagem de T com poder para expressar a noção de demonstrabilidade em T, então o teorema de Löb responde afirmativamente ao problema de Henkin. Qualquer frase que afirme a sua própria demonstrabilidade em T é demonstrável em T.
V. Condições de derivabilidade; Problema de Henkin.

Teorema(s) de Löwenheim-Skolem – Teorema básico demonstrado por Löwenheim em 1915, e por Skolem em 1919, que mostra que qualquer teoria em lógica de primeira ordem (com identidade) que tenha um modelo, terá um modelo contável. Tarski (1928) demonstrou que toda e qualquer teoria deste tipo que tenha um modelo infinito tem um modelo de qualquer cardinalidade infinita. O teorema original prova que determinadas teorias (a teoria dos conjuntos e a teoria dos números reais, designadamente) apresentam modelos surpreendentemente pequenos, razão pela qual ele é, por vezes, designado teorema *descendente* de Löwenheim-Skolem. A versão de Tarski indica que as teorias que têm modelos infinitos têm modelos imprevisivelmente grandes;

TEOREMA DE SKOLEM

neste caso, o teorema ganha a denominação de teorema *ascendente* de Löwenheim-Skolem.

V. Teorema de Herbrand.

Teorema de Skolem – *V*. Teorema(s) de Löwenheim-Skolem.

Teorema descendente de Löwenheim-Skolem – *V*. Teorema(s) de Löwenheim-Skolem.

Teorema do parâmetro – *V*. Teorema S-M-N.

Teorema S-M-N – Resultado fundamental da teoria da computabilidade, também conhecido como «teorema da parametrização» ou «teorema do parâmetro», demonstrado pela primeira vez por Stephen Kleene. Em linhas gerais, este teorema afirma que, dada uma função computável com diversos valores de entrada, cada uma das funções dela obtida fixando vários dos seus valores de entrada como parâmetros é também computável e desses parâmetros pode encontrar-se efectivamente um programa (uma máquina de Turing, por exemplo) aplicável à função original ou às funções resultantes da operação acima descrita. No caso de uma função computável binária, $f(x, y)$, isto significa que existirá um método algorítmico M que, dado um programa P para f e qualquer número n, encontrará um programa para a função parametrizada de y, $f(n, y)$, obtido através da fixação do valor de x em n e permitindo a variação de y. A denominação advém da notação de Kleene usada no método M.

Teoremas da eliminação do corte – Grupo de resultados centrais na teoria da demonstração das lógicas formais, o primeiro dos quais foi enunciado e demonstrado em 1934 por Gentzen (apesar de antecipado por Herbrand). Ao teorema da eliminação do corte de Gentzen também se dá o nome de «*Hauptsatz*» (teorema principal). Enunciado como cálculo de sequentes (isto é, como um sistema que representa consequência lógica imediatamente), a lógica de predicados de primeira ordem possui, naturalmente, uma «regra de corte» que elimina quaisquer outras hipóteses. Partindo de um caso simples, tal regra determina que «se A deriva B ou C, enquanto A e C derivam D, então A deriva B ou D», eliminando, portanto, a hipótese adicional C. No seu sistema, Gentzen mostra como converter qualquer demonstração do seu sistema numa

TEORIA AXIOMÁTICA

demonstração livre de cortes, a qual resultará, possivelmente, bastante mais extensa. Os teoremas da eliminação do corte são formulados e demonstrados para muitos sistemas formais, como seja a aritmética e a análise predicativa, e possibilitaram o esclarecimento de certas questões relativas à demonstrabilidade e consistência.

Teoremas da incompletude – Designação comum atribuída a dois teoremas publicados por Gödel em 1931. Em linhas gerais, o primeiro afirma que se T for uma teoria consistente, recursivamente axiomatizável, que inclua um fragmento elementar da aritmética, existirá uma frase G na linguagem de T tal que nem G nem $\neg G$ são demonstráveis em T. O segundo teorema diz que se T for uma teoria consistente e recursivamente axiomatizável, que contenha um fragmento elementar da aritmética, existirá uma fórmula Con_T na linguagem de T que exprime a ideia que T é consistente e que é indemonstrável em T.
V. Frase de Gödel.

Teoremas de Gödel – *V*. Teorema da completude; Teoremas da incompletude.

Teoria – Termo da metamatemática. Uma teoria (formal) é um conjunto T de frases (ou fórmulas) de uma linguagem formal fechada sob a consequência lógica. Por outras palavras, T é tal que tudo o que se deriva dos elementos de T também está em T. Os elementos de T são os seus *teoremas*. Exemplos: um conjunto de axiomas e respectivas consequências formam uma teoria. O conjunto de todas as frases verdadeiras numa estrutura M compõem uma teoria.
V. Teoria axiomática.

Teoria axiomática – Conceito básico da lógica moderna. Diz-se que uma teoria é *axiomatizada* por um conjunto de frases A (os seus axiomas) quando é o fecho dedutivo de A. Uma dada teoria é *axiomatizável* quando é o fecho dedutivo de determinado subconjunto dos seus axiomas. Diz-se que é *axiomatizável recursivamente* quando se trata do fecho dedutivo de dado subconjunto recursivo dos seus axiomas. Ela é *finitamente axiomatizável* quando é o fecho dedutivo de certo subconjunto finito dos seus axiomas.
V. Conjunto recursivo; Fecho (dedutivo/lógico).

TEORIA CATEGÓRICA

Teoria categórica – Importante propriedade, na teoria dos modelos, das teorias formais. Uma teoria é categórica (ou tem categoricidade) sempre que tem um modelo e todos os seus modelos são isomórficos. Ou seja, uma teoria é categórica quando tem, até ao isomorfismo, um modelo único. Exemplo: a aritmética de Peano de segunda ordem é categórica.
V. Estrutura.

Teoria, completude de uma – *V.* Completude (de uma teoria).

Teoria dos conjuntos – *V.* Teoria dos conjuntos de von Neumann-Bernays-Gödel; Teoria dos conjuntos de Zermelo-Fraenkel.

Teoria dos conjuntos, axiomas da – *V.* Axiomas da teoria dos conjuntos.

Teoria dos conjuntos de von Neumann-Bernays-Gödel – Axiomatização da teoria dos conjuntos introduzida em 1925 por John von Neumann, e mais tarde desenvolvida, primeiro por Paul Bernays e, posteriormente, por Gödel. As duas principais linhas condutoras da teoria dos conjuntos de von Neumann-Bernays-Gödel (NBG) são a distinção entre classes e conjuntos, e a noção de limitação de grandeza. Relativamente à primeira, os axiomas de Neumann-Bernays-Gödel (NBG) referem-se a classes (colecções de elementos que têm em comum determinada propriedade) e a conjuntos (classes que podem ser membros de outras classes). Ao conceito de limitação de grandeza é dado corpo no princípio de que uma classe é um conjunto quando não é demasiado grande. Em termos mais específicos, considera-se que uma classe é um conjunto quando não pode estabelecer uma correspondência um-para--um com a colecção de todos os conjuntos. A formulação convencional da teoria NBG tem um número finito de axiomas para conjuntos e classes, dentre os quais se citam os seguintes: axioma da compreensão, da extensionalidade (para classes), da fundação, do infinito, dos pares, do conjunto-potência, da substituição e o axioma da união.
V. Teoria dos conjuntos de Zermelo-Fraenkel.

Teoria dos conjuntos de Zermelo-Fraenkel – Trata-se de uma teoria que visa captar os princípios cantorianos básicos relativos aos conjun-

TERMO ABSTRACTO

tos evitando os paradoxos conhecidos na teoria dos conjuntos, cujos axiomas foram apresentados por Ernst Zermelo em 1908, e desenvolvidos mais tarde por Abraham Fraenkel, Thoralf Skolem e Hermann Weyl, designadamente. Normalmente, a teoria dos conjuntos de Zermelo-Fraenkel (teoria ZF) apresenta-se com os axiomas da extensionalidade, da fundação, do infinito, dos pares, do conjunto-potência, da substituição, da separação e da união. Ela expande-se (na teoria ZFC) acrescentando o axioma da escolha. A ideia directriz da teoria ZF reside na noção de conjunto «iterativo», segundo a qual todos os conjuntos se apresentam numa única hierarquia cumulativa dividida em estágios pelos números ordinais, sendo cada estágio resultante da operação do conjunto-potência nos estágios anteriores.

V. Forcing; Teoria dos conjuntos de von Neumann-Bernays-Gödel.

Teoria dos tipos – Teoria fundacional concebida por Russell e Whitehead, com o fito de contornar os paradoxos da teoria dos conjuntos. Russell acreditava que os paradoxos nasciam de pressupostos de acordo com os quais não é necessário distinguir entre classes e os seus respectivos membros, de tal modo que essa distinção impeça a referência a dado conjunto contendo um objecto na definição desse objecto. A teoria dos tipos simples estratifica o universo dos objectos em níveis ou tipos. O tipo mais baixo contém apenas indivíduos. O nível seguinte é formado por colecções de indivíduos, o seguinte por colecções de colecções de indivíduos, e assim sucessivamente. As colecções são, na generalidade, exclusivamente constituídas por elementos retirados do tipo imediatamente inferior. Russell apresenta um esquema de estratificação mais complexo na sua teoria dos tipos ramificada.

Teoria dos tipos ramificada – *V*. Teoria dos tipos.

Teoria, extensão (conservadora) de uma – *V*. Extensão (de uma teoria).

Teoria simples dos tipos – *V*. Teoria dos tipos.

Terceiro excluído – *V*. Lei do terceiro excluído.

Termo abstracto – Noção da lógica tradicional. Trata-se de um termo que designa uma dada propriedade. Exemplo: «sabedoria».

TERMO DISTRIBUÍDO (DE UM SILOGISMO)

Termo distribuído (de um silogismo) – Conceito da lógica tradicional que designa a forma em que um termo é empregue numa proposição categórica. Classicamente, o termo distribuído é aquele que refere todos os membros da sua extensão. Uma das regras de distribuição mais usuais determina que as proposições universais (*A* e *E)* distribuem os respectivos termos sujeitos, e as proposições *negativas* (*E* e *O)* distribuem os seus termos predicados. Existe uma outra norma, contudo, que estabelece que as proposições universais distribuem os seus sujeitos e as proposições *particulares* distribuem os seus predicados. Tal controvérsia demonstra a falta de clareza da noção central da caracterização tradicional, como seja a expressão «referir os» elementos da sua extensão.
V. Proposição categórica.

Termo maior (de um silogismo) – Noção da lógica tradicional. O termo predicado da conclusão de um silogismo categórico. Em geral, chama-se termo maior ao termo predicado de qualquer proposição categórica.
V. Proposição categórica; Silogismo categórico.

Termo médio (de um silogismo) – Conceito da lógica tradicional. É o termo que consta de cada uma das premissas mas que não aparece na conclusão de um silogismo categórico.
V. Silogismo categórico.

Termo menor (de um silogismo) – Designação da lógica tradicional, que se refere ao termo sujeito da conclusão de um silogismo categórico. Em geral, chama-se termo menor ao termo sujeito de qualquer proposição categórica.
V. Proposição categórica; Silogismo categórico.

Tertium non datur – *V*. Lei do terceiro excluído.

Tese de Church – Proposição fundamental da computação abstracta e da teoria da recursividade, introduzida por Church, também designada tese de Church-Turing. Sustenta que uma função matemática é mecanicamente computável por algoritmos intuitivos, unicamente se for computável à Turing, ou, do mesmo modo, se for recursiva. Em regra, pensa-se que a tese de Church não admite demonstração definitiva, apesar de haver alguns indícios a seu favor.

V. Algoritmo; Função computável à Turing; Função recursiva.

Tipo de ordem – Conceito da teoria dos conjuntos e da matemática. Diz-se que dois conjuntos ordenados têm o mesmo tipo de ordem quando são isomórficos, no seguinte sentido: se o conjunto A se encontra ordenado por uma relação R, e o conjunto B está ordenado por uma relação S, A e B terão o mesmo tipo de ordem se existir uma bijectiva $f: A \rightarrow B$, tal que para todo o x, y em A, Rxy se, e só se, $Sf(x)f(y)$. Dois conjuntos com o mesmo tipo de ordem são também chamados *similares.*

Tipos, teoria dos – *V.* Teoria dos tipos.

Traço de Sheffer – *V.* Negação alternada.

Tríade inconsistente – *V.* Antilogismo.

Tricotomia – *V.* Lei da tricotomia.

-Tuplo – Denominação da teoria dos conjuntos e da matemática. Um n-tuplo é um conjunto de n elementos. Um n-tuplo ordenado é um conjunto de n elementos ordenados de dada forma, na qual a posição dos elementos é determinante, e não apenas a sua presença.

Turing, função computável à – *V.* Função computável à Turing.

Turing, máquina de – *V.* Máquina de Turing.

U

União (de conjuntos) – Noção da teoria dos conjuntos. Dados os conjuntos A e B, a união $A \cup B$ é o conjunto que contém apenas as entidades que são elementos de A ou de B, ou, ainda, elementos de ambos.

União, axioma da – V. Axioma da união.

Universal (proposição) – V. Proposição categórica.

V

Validade – Conceito básico da lógica, que se aplica actualmente a argumentos ou inferências e a proposições individuais. Divide-se normalmente em dois tipos: *dedutiva* e *indutiva*, embora alguns a reservem apenas ao caso dedutivo. No caso dedutivo, diz-se que um *argumento* é válido quando é impossível que todas as premissas sejam verdadeiras e a conclusão falsa. Uma *proposição* é válida quando é impossível que seja falsa. No caso indutivo, um argumento é válido se a verdade das premissas tornam provável (num dado grau) que a conclusão seja verdadeira.
V. Paradoxos da implicação estrita e da implicação material; Teorema de Church.

Valor (de uma função) – *V.* Função.

Valor de verdade – Conceito da lógica proposicional. Em lógica clássica bivalente, os membros do conjunto {V, F}, «verdadeiro» e «falso», são convencionalmente adoptados como valores de verdade, isto é, como objectos com base nos quais se interpreta fórmulas proposicionais. Nas lógicas não-clássicas e nas lógicas polivalentes, os objectos de interpretação são apresentados por outros conjuntos de valores de verdade. Há casos em que os elementos da álgebra booleana, ou os conjuntos abertos de espaços topológicos funcionam como conjuntos úteis de valores de verdade.

Variável – Noção da lógica, que consiste numa expressão linguística (normalmente uma letra do alfabeto), que em certo contexto assume determinado valor não-fixo, e que pode tomar um outro num conjunto de

VARIÁVEL LIVRE, (OCORRÊNCIA DE UMA)

valores possíveis. Diz-se das variáveis que «tomam valores» nos domínios apropriados. Certos formalismos permitem que, numa expressão bem formada, algumas ocorrências das variáveis não estejam ligadas a um operador de ligação (um quantificador, por exemplo). Quando assim sucede, a variável denomina-se «livre» (Russell: «real»); sempre que se verifica o contrário, isto é, quando a variável surge ligada a um operador de ligação, diz-se tratar-se de uma variável «ligada» (Russell: «aparente»). Fórmulas ou termos *abertos* são aqueles em que se verifica algumas ocorrências livres de uma variável quantificável. Numa hierarquia de sistemas ou linguagens, distingue-se os tipos pela ordenação das variáveis possíveis.

V. Frase; Primeira ordem/ordem superior; Teoria dos tipos.

Variável livre, (ocorrência de uma) – *V*. Variável.

Variável real – *V*. Variável.

Verdade de um modelo – *V*. Satisfação.

Z

Zorn, lema de – *V*. Lema de Zorn.

Tabela de símbolos lógicos

Teoria dos conjuntos

$\left.\begin{array}{l} \{x: Px\} \\ \{x \mid Px\} \\ \hat{x}Px \end{array}\right\}$ Conjunto abstracção (leia-se «o conjunto das entidades x que têm P»)

$x \in A$ Pertença («x é um elemento de A»)

$\left.\begin{array}{l} A \subseteq B \\ A \subset B \end{array}\right\}$ Subconjunto («A é um subconjunto de B»)

$\left.\begin{array}{l} A \subset B \\ A \subsetneq B \end{array}\right\}$ Subconjunto próprio

$\left.\begin{array}{l} A \supseteq B \\ A \supset B \end{array}\right\}$ Sobreconjunto («A é um sobreconjunto de B»)

$\left.\begin{array}{l} A \supset B \\ A \supsetneq B \end{array}\right\}$ Sobreconjunto próprio

$\left.\begin{array}{l} \bar{A} \\ A' \\ -A \end{array}\right\}$ Complemento de A

$A_1 \times ... \times A_n$ Produto cartesiano de $A_1, ..., A_n$

$\left.\begin{array}{l} A - B \\ A \setminus B \end{array}\right\}$ Diferença entre A e B

TABELA DE SÍMBOLOS LÓGICOS

$\left.\begin{array}{l} A \oplus B \\ A \triangle B \end{array}\right\}$ Diferença simétrica entre A e B

$\left.\begin{array}{l} A \cap B \\ \quad A B \end{array}\right\}$ Intersecção (encontro, produto lógico) de A e B

$\left.\begin{array}{l} \cap_\gamma \\ \cap_{\alpha \in \gamma} \alpha \end{array}\right\}$ Intersecção da família de conjuntos γ

$\left.\begin{array}{l} A \cup B \\ A + B \end{array}\right\}$ União (junção, soma lógica) de A e B

$\left.\begin{array}{l} \cup_\gamma \\ \cup_{\alpha \in \gamma} \alpha \end{array}\right\}$ União da família de conjuntos γ

$\left.\begin{array}{l} \mathbf{V} \\ 1 \end{array}\right\}$ O conjunto universal

$\left.\begin{array}{l} \Lambda \\ 0 \\ \varnothing \end{array}\right\}$ O conjunto vazio

$\left.\begin{array}{l} (a,b) \\ \langle a,b \rangle \end{array}\right\}$ Par ordenado de a e b

$\{a,b\}$ Par não ordenado de a e b

$A \simeq B$ Equipolência («A é equipolente a B»)

$A \upharpoonright R$ Relação R com o seu domínio restringido a A

$R \upharpoonright A$ Relação R com o seu domínio converso restringido a A

$R \restriction A$ Relação R com o seu campo restringido a A

$\left.\begin{array}{l} \breve{R} \\ R^{-1} \end{array}\right\}$ Conversa (ou inversa) da relação R

TABELA DE SÍMBOLOS LÓGICOS

Lógica predicativa e proposicional

$\left.\begin{array}{l} \forall x \\ (x) \\ \Pi x \\ \wedge x \end{array}\right\}$ Quantificador universal («para todo o x ... »)

$\left.\begin{array}{l} \exists x \\ (\mathrm{E}x) \\ \Sigma x \\ \vee x \end{array}\right\}$ Quantificador existencial («existe um x ...»)

$\imath x$ Operador de descrição definida («o único x ...»)

$\left.\begin{array}{l} p \rightarrow q \\ p \supset q \\ C \ p \ q \end{array}\right\}$ Condicional («p implica q»)

$\left.\begin{array}{l} p \leftarrow q \\ B \ p \ q \end{array}\right\}$ Condicional inversa

$\left.\begin{array}{l} p \leftrightarrow q \\ p \equiv q \\ E \ p \ q \\ P \sim q \end{array}\right\}$ Bicondicional («p se, e só se, q»)

$\left.\begin{array}{l} \neg p \\ \sim p \\ Np \\ \neg p \\ p' \\ \bar{p} \end{array}\right\}$ Negação («não p»)

$\left.\begin{array}{l} P \ \& \ q \\ p \wedge q \\ K \ p \ q \\ p \ q \\ p.q \end{array}\right\}$ Conjunção («p e q»)

TABELA DE SÍMBOLOS LÓGICOS

$\left.\begin{array}{l} p \vee q \\ A\ p\ q \end{array}\right\}$ Disjunção (inclusiva) («*p* ou *q* [ou ambos]»)

$\left.\begin{array}{l} p \veebar q \\ J\ p\ q \end{array}\right\}$ Disjunção (exclusiva) («*p* ou *q* [mas não ambos]»)

$\left.\begin{array}{l} p \downarrow q \\ X\ p\ q \end{array}\right\}$ Negação conjunta («nem *p* nem *q*»)

$\left.\begin{array}{l} p \mid q \\ Dpq \end{array}\right\}$ Negação alternada (traço de Sheffer) («não simultaneamente *p* e *q*»)

$\top$ *Verum* (a função de verdade constante verdadeiro)

$\perp$ *Falsum* (a função de verdade constante falsidade)

$=$ Identidade (uma constante lógica)

$\neq$ Diferença

$\left.\begin{array}{l} \therefore \\ / \end{array}\right\}$ Portanto / Logo

Lógica modal

$\left.\begin{array}{l} \Box p \\ Np \\ Lp \end{array}\right\}$ Necessidade («é necessário que *p*»)

$\left.\begin{array}{l} \Diamond p \\ Mp \end{array}\right\}$ Possibilidade («é possível que *p*)

$P \rightarrow\!\!\!3\, q$ Implicação estrita («*p* implica estritamente *q*)

$p \circ q$ Compossibilidade («*p* e *q* são simultaneamente possíveis)

TABELA DE SÍMBOLOS LÓGICOS

Metalógica

$\Gamma \vdash A$ A é formalmente dedutível do conjunto de frases Γ

$\vdash A$ A é um teorema lógico

$\Gamma \vDash A$ A é uma consequência lógica do conjunto de frases Γ

$\vDash A$ A é uma verdade lógica

$\vDash_M A$ A é verdadeiro na estrutura (modelo) M

$A \Rightarrow B$ Implicação (usada informalmente) («A implica B»)

Índice

Prefácio à edição portuguesa   7

Introdução   9

Glossário de Lógica   11

Tabela de símbolos lógicos   122